WAC BUNKO

なぜモテるのか、さっぱりわからない男がやたらモテるワケ

動物行動学で語る〝男と女〟

竹内久美子

WAC

はじめに――「尋常ではないモテ方」をする人がいるのはナゼ

イケメンでもない、声がいいわけでもない、スポーツができるとか、音楽の才能があるとかでもない、かといって話が面白く、人をげらげら笑わせる能力があるわけでもない……。

そんなモテる要素が、どこを探しても見当たらないような男がやたらめったらモテる。しかも尋常ではないモテ方をする。

このような理解に苦しむ例をどこかで見たことはありませんか？

私自身、現実には出会ったことはないのですが、話には聞いたことがあります。

あるネット番組に出演したときのこと、司会の坂上忍さんと放送作家の鈴木おさむさんが異口同音に答えたのです。

林家正蔵《しょうぞう》師匠がまさにその例だと。

林家正蔵師匠は一世を風靡《ふうび》した林家三平師匠の息子さん。フリートークを得意としたお父上とは違い、古典落語をみっちりと聴かせる芸風です（ただ噺家《はなしか》であるだけに日常的な会話は相当巧みであるかもしれません）。

正蔵氏はぱっと見でわかるようなモテるタイプではないし、ジャズに造詣《ぞうけい》が深く、膨大な量のレコードをコレクションするとか、鉄道にも詳しいとか、どちらかと言えばオタク系の方。その正蔵氏が尋常ではないモテ方をすると、テレビ業界に詳しいお二方が証言するのです。

なぜ、正蔵師匠はそこまでのモテ方をするのでしょう。

その秘密を探るうえで私は「尋常ではないモテ方」という言葉に最大のヒントを得ました。そのヒントから導かれる結論からすると、それは傍から見ている分には絶対にわからず、十分にお近づきになって初めてわかるようなものなのです（だから、たいていの人には、どうしてモテるかがわからない）。

さらに言えばそれは、男には永遠にわからない一方で、女ならわかる、女にはその能力があるというたぐいのものです。

これではなにやら謎が謎を呼ぶような、極めてもったいぶった言い方ですが、この件についてはきちんとした研究が多数存在するので、本文で詳しく説明することにします。

さらにあなたは、こんな経験はないでしょうか。

大学の生協食堂のご飯が拷問かと思うほどまずいとか、某政党系の病院の病院食が、これではたして健康が回復するだろうかと思うほど素材にも味付けにも気配りができていないとか、『しんぶん赤旗』を置いている大衆食堂の料理が素材のうまみを引き出すどころか、否定してしまうようなひどい調理の仕方をしている……。

私はこれらすべての例に出会ったことがあります。そうして結局のところそれは、大学生協なり、病院の組合なり、店主なりが惹かれている思想と関係があるのではないかと考えるようになりました。

つまり左翼、リベラルは食べ物の味や素材の新鮮さに無頓着である。逆に、保守はそのようなことに割とこだわるのではないか。

こうしたことに関する研究はなかなかなかったのですが、「嫌悪感受性」というキーワードとともに二〇一〇年代から登場するようになりました。

嫌悪感受性とは、公衆トイレの便座に肌が触れることをどれくらい嫌うか、よく洗ってあっても他人のコップで飲み物を飲むのがどれくらい嫌か、などといったことです。

それによると保守傾向の強い人ほど嫌悪感受性が強く、リベラル傾向の強い人ほど、それは弱いという傾向にありました。

ではリベラル、保守のそれぞれの傾向と料理の味や素材とかがどういう関係にあるのでしょうか。これもまた本文で詳しく論じていますので、ぜひ、お読みください。


動物行動学というと、一九七三年にノーベル生理学・医学賞を共同で受賞した、コンラート・ローレンツ、ニコ・ティンバーゲン、カール・フォン・フリッシュを思い浮かべる方もあるかもしれません。しかし彼らの業績はどちらかというと傍流に属します。実は動物行動学のルーツは進化論にあり、進化生物学、進化心理学といった、いくつもの分野を含みながら成長してきているのです。

私は最近、「恋愛は心理学の分野だろう、動物行動学者は黙っていろ」と指摘され、世間の認識とはその程度のものなのかとショックを受けたのですが、そもそも恋愛とは相手選びの過程のこと。

その相手と繁殖すべきかどうか、特にメスがオスの質の良さや自分との、主に免疫的相性を見極めるわけですが、そのような過程に様々な心理が介在する。

燃え上がるような喜びを感ずる一方で、ちょっとしたことで興ざめもする。

その心理の揺れに従って行動していくことにより、ベストな相手、あるいは、その時点で選ぶべき相手を選ぶというわけです。

相手選びは動物行動学の最大のテーマの一つ。恋愛は心理学だけの研究分野ではありません。


動物の行動(もちろん人間も含めて)を見る際のコツとして、覚えておくといいのは次の二点です。

まず、全体の一%くらいより多く存在する性質は、たとえそれが何の役にも立たないと思われる性質、むしろ害になるのではないのかという性質であってもエラーではない。必ず何らかの意味がある。また意味があるからこそ存在しているのです。

もう一つは、行動は個人だけを見ていると時々わけがわからなくなることがある。何でこんな意味のない性質を持っているのか、なんでこんな損と思われるようなことをするのか。

このような場合には、ただちに視野をその人の血縁者にまで広げてください。繁殖などは実は一族で行うものであり、その際、ある個体にだけ注目しているとわからないことが多いのです（このとき種にまで範囲を広げるのは誤りです。その一族に特徴的な遺伝子を血縁の近さに応じて共有している範囲までです）。

このような例として私は前回の本（『女はよいにおいのする男を選ぶ！ なぜ』ワック）で、不妊の個体がいるほうが一族としてよく繁栄するというパラドックスを紹介しました。不妊の個体にだけ注目すると、その人は単に繁殖しない人であるとしか見えません。そのような解釈に本人も悩むだけです。

しかし実際には、その人こそが一族の繁栄のカギを握る人物なのです。またそうであるからこそ、不妊の人がなぜこれほどまでにと思うほど存在するのです。

今回この本ではそのような例として、統合失調症を取り上げています。全体の一％、あるいは〇・七％の人が発症すると言われる統合失調症。

進化のうえで意味をなすかどうかのボーダーライン、一％をどうにかクリアしています。しかも、その値は人種、民族、時代、社会階層などとは関係がありません。

となれば、その意味を、特に一族としてどうなのだろうかと考えなければなりません。

『統合失調症の一族　遺伝か、環境か』（早川書房、ロバート・コルカー著、柴田裕之訳）

には、男十人、女二人からなるキョウダイのうち、男六人が発症した例が登場します。これほどの発症例は極めて珍しく、彼らは遺伝的変異の研究に最も貢献した一族です。

この一族の特徴は、キョウダイ全員が容姿端麗でスポーツが得意であること、中には世界的ロックスターになったかもしれない、容姿、音楽、スポーツの能力にとりわけ長けた人物もいるし、チェスの名人、芸術関係の才のある人物もいる。

そして二人の姉妹は、ともに容姿に優れ、常にモテモテ、スポーツも万能、勉強も特にしなくてもオールAの成績だったりするのです。

それらが統合失調症とどんな関係があるのかは、本文を読んでいただきたく思います。

動物行動学が扱う内容には差別と言われることを恐れ、皆が避けて通るようなこと、そういうことには手を出さないほうが無難だよ、と言われるようなことがあります。

考えの浅い人は即座に差別を指摘しますが、研究者は偏見を捨てて向き合います。その結果、ほかならぬその差別が解消されるという実例を私は何度も見てきました。

不妊しかり、統合失調症しかり、男性同性愛しかりです（男性同性愛については拙著『フレディ・マーキュリーの恋』文春新書を参照）。

とかく差別や偏見の目で見られがちな現象が、動物行動学のアプローチによってウソをつくこともごまかすこともなく、説明される。それによって本当の意味で差別がなくなる。そのような動物行動学を私は誇りに思い、愛し続けています。

なお、本書は「動物にタブーはない！　動物行動学から語る男と女」というタイトルの有料メールマガジンの、ここ最近の一年分を改編・改題・加筆し、まとめたものです。本書の読者限定で、メルマガ無料サービス（一カ月）をプレゼントします。くわしくは、本書二四八頁の著者略歴欄の下をご覧ください。

本書の刊行にあたり、ワック出版担当の佐藤幸一氏、ワック出版編集部の齋藤広介氏にご尽力いただきました。出版に際し、ご協力を仰いだすべての方々に感謝申し上げます。

二〇二三年（令和五）五月

竹内久美子

なぜモテるのか、さっぱりわからない男がやたらモテるワケ

動物行動学で語る〝男と女〟

◉目次

2章

4章 科学は自由で、なんでもありの世界
――同性愛にも遺伝的要素のかかわりが

装幀／須川貴弘（ＷＡＣ装幀室）

1章

オトコにはわからないオンナの本能

――声の良さ、顔の良さ、匂い……で見分ける

不倫、不倫と言うけど、そんなに悪いこと？

日本で不倫に対し、社会の目がぐっと厳しくなったのは、私自身はっきりと覚えているが、平成の時代からだ。

その象徴的な事件が、俳優・石田純一氏による「不倫は文化」発言だ。石田氏の名誉のために言うと、彼は一度もこんな発言はしていない。

私はその発言があったとされる場面をテレビのワイドショーで見ており、セリフも概《おおむ》ね覚えているので証言してみよう。

スポーツ紙に「何が悪い？　不倫は文化　石田純一」と題する記事が掲載されたのは、平成八年（一九九六）十月二十九日のことだ。

その前日、石田氏は千葉県で開催されたチャリティ・ゴルフ大会に出場した。折しも妻子ある石田氏はさるモデルと交際しており、リポーターたちから、「どうですか、石田さん、○○○さんとの交際についてお聞かせください」などとマイクを向けられた。

以下、私の記憶をたどることになるのだが、石田氏は逃げることなく、こう言った。

「いろいろな形の恋があっていいと思う。しのぶ恋、○○な恋、××な恋……。そういったものの中から文学作品などの芸術や文化が生まれるのであってね」（○×の部分は記憶にない）

極めてまっとうな意見ではないか。これのどこがおかしいのか？

ところがスポーツ誌やワイドショーは、おっ、石田「不倫は文化だ」と言いおったぞ、と短絡的に結論づけてしまったのである。当時を振り返って石田氏は、「不倫は文化だとは言っていないけど、大筋はあっているから構わない」と思ったそうだ。

ともあれ、これで石田氏の俳優としてのポジションは失墜《しっつい》、報道番組のキャスターの座も降板せざるを得なくなり、しばらく不遇の身となるのである。

このように平成以降に芸能人やスポーツ選手、政治家など名の知れた人々の不倫に対し、マスコミなどから厳しい目が向けられるようになった理由として、私は単に日本の社会の成熟のようなものを考えていた。

ところが最近読んだ本、『左翼の害悪』（森口朗著／扶桑社新書）には驚きの観点が示されていた。

それによると、平成に入って急にマスコミが「フリン、フリン」と騒ぎ出した。これに対して、保守派は「何が不倫だ！　日本には婚姻外性行為を禁ずる倫理は最初からない」と主張すればよいものを、しない。「フリーセックス」を唱えた左翼も「なんて頭が固いんだ！　今はフリーセックスの時代だ！」と騒がない。

おかしいではないか？

ということで、ヨーロッパに目を向ける。

かの地には不倫を悪と考えるキリスト教徒が存在しており、各国がデモクラシー国家になり、マスコミが発達したが、同時にハニートラップがかけやすく、それは成功率の高い外交技術となった。

つまり、妻帯者である政治家を不倫、不倫とがんじがらめにしたうえで、一夜、大変魅力的な女を与え、その証拠をつかむ。そうすれば欧州の政治家は簡単に脅《おど》せるようになった。そういう歴史があるというのである。

日本にはそのような倫理がもともと希薄で、少なくとも昭和までの日本は先進国の間で唯一ハニトラをかけにくい国だった。ところが平成から急に、それまで日本には存在しなかった不倫という概念がマスコミを中心に席巻し始めた。

その結果、日本はハニトラができる国となり、おまけにスパイ防止法がないために仕掛ける側にとっては、まさに極楽のようなもの。〝世界一のハニトラ国家〟となってしまった。自民党の国会議員の秘書が中国人女性であり、しかも彼女は国会議事堂内を堂々と歩く……。

実際、中国、北朝鮮のハニトラにかかったと噂される政治家は数多く、朝日などのメディアが沈黙する様子をながめると、どうもそれらの国が平成以降の日本の倫理観の変化にかかわっているように思われる。

そして驚いたことにハニトラの先進国であるヨーロッパでは、これまで支配的だったキリスト教の倫理感とは打って変わり、急に性的関係や性行為について多様であるべきとの論調が高まってきた。それらが認められないのなら、「人権侵害」とまで言われ始めた。つまり、これぞ、これまで散々ハニートラップに悩まされてきたヨーロッパのハニトラ対策なのである——。

ヨーロッパは一周回って、ついにここまで来たということらしい。

日本にはもともと、不倫という概念が希薄だ。それは決して世界から遅れているからではない。日本人の寛容さの表れであり、夜這いに代表されるように人と人との関係を円滑に保つために、ぜひとも必要だったのだ。

石田純一氏は一九八八年、フジテレビのトレンディドラマ『抱きしめたい』でブレイク。翌一九八九年、つまり平成元年に映画『愛と平成の色男』で初主演を果たした。彼は平成という時代の空気をまとい、しかも無類のよい人であるために（実際にお会いしたことがあるが、想像通りの好漢だった）、マスメディアや他国の格好のターゲットになってしまったのかもしれない。

夫への不満は浮気で解消——？

私のもとへ、毎週、『週刊現代』が送られてくる。

言わずと知れたおじさん雑誌だが、過去に連載でお世話になった関係からである。今週も相変わらず健康問題、介護の問題と、おじさんというより、〃おじいさん雑誌〃としてのラインナップが揃っているのだが、私の目をひいたのは、「お父さんが知らない社会学『不倫街コン』にハマる女のホンネ　性に荒れ狂う人妻たちの生態」と題する記事だった。

最近、夫には内緒で同世代の既婚者や年下の若者と肉体関係を前提に恋愛を楽しむ妻が増えている。イベント会社による「不倫街コン」がほぼ毎日、全国各地で催され、三十～五十代の既婚女性が参加している。

だいたい三十人くらいの女性が高級レストランなどに集まる。会費は女性が千～千五百円、男性が一万円と随分な開きがある。女性三人くらいが座ったテーブルに三十分おきに男たちが交代で回り、品定めされる。立食ではじっくり話せないのでこういう形式なのだという。

気が合えば連絡先の交換となり、二人だけでお話を（中には即ホテルへ）という流れとなるが、連絡先を交換した男性と女性が互いに誘い合い、「オフ会」を催すこともあるという。

ある女性は「街コンはあくまで男性に連絡先を聞くのが目的。（中略）本命は仲間うちで開く合コン（オフ会）です」と言っている。

そういう女性たちは旦那が結構高収入であるとか、本人が会社を経営するなど経済的に不自由していない。

では、なぜ不倫に走るかというと、

「結婚相手は肩書きや年収で選んだ」

だから、今度は「顔の良さや鍛えた体など、純粋にオスとしての魅力で選びたい」のだという。

ほら出た！　これぞ動物のメスの本音そのものなのである。

顔の良さや鍛えた体というのは、単に男としての魅力に留《とど》まるものではない。それは、免疫力や生殖能力の高さを物語るものなのだ。たとえば、研究によって免疫力との相関が現れたのは、声の良さ、ルックスの良さ、筋肉質の体などである。

さらに、顔の良さは精子の質と相関があることがわかっているし、筋肉質の体は男性ホルモンのテストステロンのレベルの高さを物語る。テストステロンは男性の魅力のすべてにかかわっているから、声の良さ、顔の良さ、ルックスの良さにかかわる。もちろん精子の質や数など、生殖能力にもかかわる。

これらのことから声の良さ、顔の良さ、ルックスの良さ、筋肉質の体など、男としての魅力のすべての要素が、免疫力・生殖能力と混然一体となって関係してくるのだ。メス（女）としては、旦那とするオス（男）は様々な事情から、純粋にオス（男）としての魅力を十分に備えた者を選ぶことができない。たいていは妥協の産物となっている。

そこで、その不満点をどう解決するかといえば、浮気だ。浮気によって、オス（男）

としての魅力を十分に備えた遺伝子だけを取り入れようとするのである。

Ａ・Ｐ・メラーという大変有名な鳥類学者が行ったツバメの実験によれば、長い尾羽を持ったオスを亭主にしているメスは、どんな尾羽の長さのオスが現れても浮気に応じなかった。長い尾羽のオスが現れても、だ。

一方、普通の長さの尾羽のオスを亭主に持ったメスは、普通の尾羽のオス、短い尾羽のオスが現れてもまったく応じないが、長い尾羽のオスが現れたときのみ、数回に一回、浮気に応じた。

短い尾羽のオスを亭主に持ったメスは、短い尾羽のオス、普通の尾羽のオスが現れても浮気に応じないが、長い尾羽のオスが現れたら、逃がすものかと必ず浮気に応じたのである。メスは誰もが理想のオスとつがえるわけではないので、その不足分は浮気によって補うというわけなのである。

『週刊現代』の記事に登場する、旦那を肩書や年収で選んだ女が、純粋に男としての魅力を備えた男と浮気するというのは、決して記事が示唆《しさ》するような最近流行の傾向ではなく、理論通りの振る舞いなのである。

ちなみに、このような浮気を行う場合、女は無意識のうちにアリバイづくりと、なるべく浮気相手の遺伝子を取り入れられるよう、工作を行っていることが様々な研究からわかっている。

たとえば浮気相手とのみ交わり、子ができるとまずいので、夫と浮気相手の両方と排卵期に交わる（アリバイづくり）。しかし、より妊娠の確率の高い日をちゃっかり浮気相手に対して提供している。

また、そもそも浮気相手のほうが生殖能力の高い男であるため、精子競争、つまり一人の女の卵（卵子）の受精を巡る競争に勝ちやすい。そんなこんなで、ある推定によると、女が浮気によって妊娠する比率は「浮気相手：九」に対し、「旦那：一」であるという。最初から旦那に勝ち目はないのである。

この記事によれば、女たちは関係に深入りせず、三〜四カ月で関係を解消するという。そりゃそうだろう。女としては男として優れた男の遺伝子を取り入れることが目的であり、関係を長く続けることではない。目的は三〜四カ月で達成されるはずなのである。

記事はまた、不倫に対するハードルが一九八〇年代の「金妻」ブームあたりから下がり、二〇〇八年のリーマンショックによって、男は心の触れ合いを求め、女は結婚と恋愛は別と考えて欲求に従うようになった、と世相を反映した締め方になっているが、そんなの関係ない。そんなことは動物として、特にメスとして当たり前だ。ツバメのメスだってやっていることなのだから。

禁じられていようが浮気をするヤツはする

宗教や戒律、文化などによって何かが禁じられていたとする。たとえば「浮気」はいけないことだという戒律があったとする。すると、その戒律のもとにある人々は本当に浮気をしないのだろうか？

ちょっと世間を知っている人なら、こんなふうに言うだろう。そんなことあるわけないでしょ、禁じられようが何されようが、する奴はする、と。

ところが、私が一九八八年、『浮気人類進化論』を発表し、かなり話題になったとき、ある宗教評論家は大まじめにこのようなことを言った。

七世紀のイスラムに浮気をする男がいたはずはない。浮気を通じて人間は人間になったというこの本の主張はおかしい――と。

少し説明を加えると、人間は哺乳類の中で唯一、夫婦の関係がありながらしょっちゅう夫婦が別行動をとるという極めてまれな婚姻形態をとっている。哺乳類で夫婦の関係があれば、夫婦は四六時中行動をともにするというのが常識だ。そうでないとメスを他のオスにとられるか、妊娠させられてしまう。

では、人間の夫婦が別行動する際に何が起こるのかといえば、当然、浮気。この浮気という行動を通して、人間はごまかすとか、つじつま合わせをするとか、相手の言動の矛盾をつくとかの能力を発達させた。よって頭脳が発達し、人間という存在になったのではないかと考えるわけなのだ。

この主張に対し、かの宗教家は、イスラム教ができてきた七世紀のイスラムでは厳しく浮気を禁じていた、だから浮気をする男などいるわけがない、と言いたいようだ。

私は宗教や戒律、文化などによって厳しく禁ずることがあればあるほど、現実の社会でそれはよく行われている、いや、よく行われているからこそ厳しく禁ずる必要がある、厳しく禁じて、ようやく何とかおさまりがつく状態になるのだろう……と考えている。

イスラム圏での浮気の実態についてはわからない。しかし、もしイスラム圏、特に北アフリカから中東にかけての地域で本当に浮気がほとんど行われていないとするなら、たとえ、それがイスラム教の成立した七世紀から今日までのことであったとしても、あの地域の人々は今とは違い、随分不細工になっているはずだと思う。

浮気とは、かなり大雑把な言い方をすると、女が亭主よりも質の良い男と浮気し、遺伝子だけ取り入れ、あなたの子よ、といって育てさせることである（男が妻以外の女と浮気しようとしても、その女にとって亭主よりいい男でないと浮気に応じないのでお間違えのなきよう）。

質が良いとは、本質的には免疫力の高さを意味するが、その手掛かりの一つとしてルックスの良さがある。つまり、浮気によって亭主よりルックスの良い男の遺伝子を取り入れるのである。こういうステップが禁止され、それを人々が本当に守っていたなら、人々のルックスはどんどん衰えていくはずだ。

ところが、である。私の見るところ、中東や北アフリカのイスラム圏の人々ほどルックスのレベルの高い人々はいない。

アジア系は不細工だらけ。欧米系はアジア系よりもルックスに恵まれているが、それでも不細工は時々存在する。ちなみに欧米系がアジア系よりルックスに恵まれていることは、欧米系とアジア系のハーフがまず間違いなくアジア系の水準を上回り、タレントなどになれることを見れば明らかだろう。

ともかく、アジア系、欧米系には不細工が存在する。ところが中東、北アフリカ系に不細工を見出そうとしても無理なのである。これは、戒律でどんなに禁止されようが、裏でこっそり浮気するなど、女がルックスの良い男の遺伝子を大いに取り入れてきた歴史があるからこそではないのか？

また、もともと浮気が盛んであったからこそ、彼らはルックスにおいてすでに高水準にあった。そして盛んな浮気に対しては戒律によって取り締まることで、ようやく収拾がついたということではないだろうか。

とはいえ、イスラムの実態については研究例自体を見つけることが難しいのだが。

「托卵」される鳥はアホなの？

最近、人間界でよく言われる「托卵《たくらん》」とは、妻が浮気した結果できた子を夫がわが子と信じ、育てさせられる状況を言う。「あそこんちのお父さん、托卵されているわ」と。しかし鳥の世界で「托卵」というと普通、夫婦が自分たちでは子を育てず、ほかの種の鳥に任せることを指している。

托卵する鳥の代表格はカッコウだ。他の種の鳥（宿主）に自身の卵を預け、抱卵、ふ化、その後の世話まで任せてしまう。このような高等戦術を用いるからには、そこに様々な工夫がなされている。

まずは宿主の卵に自身の卵を似せる。カッコウ属にはそもそもホトトギス、ジュウイチ、ツツドリ、狭い意味でのカッコウなどがいるが、それぞれ宿主となる鳥が違う。

ホトトギスはウグイスを宿主とし、ウグイスの卵に似せた茶色のチョコボールのような卵を産む。ジュウイチはコルリに托卵。青く輝く美しい卵を産む。ツツドリはムシクイに托卵するが、なんとムシクイは托卵される卵を気にしない鳥。ムシクイは自身の卵とは似ても似つかぬ、白地に褐色のまだら模様のツツドリの卵を受け入れてしまう。

そしてカッコウ（狭い意味でのカッコウ）だが、さすがにスペシャリストというべきか、宿主を家系ごとに決めている。モズ、オオヨシキリ、ホオジロ、ウグイスなどだ。もちろん、それぞれ宿主の卵に似せるという技を繰り出す。

もっとも宿主の側も対抗策を怠っているわけではない。托卵された卵を見破り、外へ放り出すか、卵の中身を食べて殻《から》を捨てる。こうした努力により、ヨーロッパヨシキリでは托卵された卵の二〇％ほどを取り除くことができるという。

しかしながら、カッコウの戦術はさらに上を行く。宿主の巣に自分の卵を一つだけ産み込むが、それは相手のものよりも少しだけ大きい。宿主は見慣れた卵よりも小さめのものだと嫌い、受け入れないからだ。さらに殻が頑丈にできていて壊れにくくしている（これは当然）。

そして最も肝心なことは、宿主のヒナよりも二〜三日早くふ化するよう、より成長した卵を産み込むということである。そうすることで、ひと足先にふ化したヒナが、宿主の卵を一つ残らず巣の外へ放り出し、亡き者にすることができるからだ。何とその、背中に乗せて放り出すという目的のためだけに、カッコウのヒナの背中にはちょうどよいサイズの窪《くぼ》みが存在するくらいなのである。

ともあれ、こうして育ったカッコウのヒナははっきり言って宿主のヒナとは似ても似つかない。それでも宿主に育てさせることができるのは、一つには口の中が真っ赤であり、この「超正常刺激」によって宿主はついエサをあげたくなってしまうのだという。

それにまた、カッコウのヒナは一羽で宿主のヒナの何羽か分の声を発することができ、大勢いると錯覚した宿主はせっせとエサを与えるのだという。

それにしてもどうだろう？

不思議なのは、ここまであからさまなやり方にどうして宿主は簡単に騙《だま》されてしまうのか、ということだ。托卵された卵の排除のためには努力を惜しまないというのに、ヒナに対するこの大甘の態度はどうしたことだろうか？

この件について、私がこれまで聞いた説明のうち、どうにか納得できるのはこういうものだ。

カッコウなどに托卵される鳥が、自分がどういう鳥であるかを学習によって知ると仮定する。そうすると生まれて初めて繁殖を行うときに、もし托卵されていないのなら、正しく自分の種を学習するが、もし托卵されているとするとそうではない。托卵した鳥のヒナを見て、「ああ、これが自分の種であるのか」と認識してしまうのだ。

そして次の繁殖のときには托卵されていないとすると、せっかく自分のヒナがふ化したにもかかわらず、自分のヒナではないと認識し、育てない。

その次の繁殖のときにも托卵されていないと、やはり育てない。こういうことが続くと大変な損害となってしまうだろう。この大損害を避けるため、托卵される鳥は学習によって自身の種を認識することがないようにしている。いったん間違って学習してしまうと危険だからだ。だから、たとえ自分と似ても似つかないヒナであっても育てる。もちろん自分に似ている、自分自身のヒナも育てるのである。こういう説明だ。

ちなみに学習によって自分の種を認識しないだけでなく、生得的、つまり、生まれながらにも認識しているのでもないというのである。この説明によると卵の段階では自身の種と托卵鳥の種を生得的に認識し、区別できていたが、ヒナや成鳥になると生得的にも、後天的である学習によっても認識できなくなるし、そうするほうが得であることになってしまう。

しかし、どうなのだろう、それよりも私は、ヒナがかえったあと、宿主は戦略を変えたと考えるほうがいいのではないかと思う。ヒナに騙されつつ、または騙されるふりをしつつ、実は利用するのだ、と。

カッコウ属の鳥を見て、まず何に気づくか。それは皆、ほぼ例外なく、腹の部分が白黒のだんだら模様になっているということである。まるで猛禽類《もうきんるい》。

卵のときはどうであれ、ヒナに関しては猛禽類に擬態しているのである。すると、どうなるか？　それはカッコウなど、托卵によるヒナがいる巣の周辺では本物の猛禽類の被害にあうことが少なくなるだろうということだ。托卵された巣は確かに托卵されてしまっていて損になるが、その周辺で巣を構える血縁者たちはその恩恵にあずかり、自分の子を安全に育てることができるのではないのか？

　こうして托卵鳥のヒナを育てることに意義がある。宿主は卵のうちは除外することに精を出すが、いったんふ化したら、今度は利用する側に回るのではないかと考える次第だ。これは私がいつものように思考を巡らしつつ遊んだ結果にすぎず、欠陥もあるかもしれないので全面的に信用なさらないようにお願いします。

女は匂いで男を選ぶ

　恋愛とは相手の免疫の型を見抜く過程である。それは女が主導するもので、男はほとんど関係がない。

　こんなことを言うと、なんとまあ夢のないこと！　恋愛は人生で一番ロマンティックな出来事なのに竹内は水を差す気かと叱られそうだ。だが、どう考えてもそういう結論に至るのだから仕方がない。

　そもそも恋愛関係になるには、ある程度近づかないと無理である。普通はそこまで接近しないという距離にまで近づいて、ハグするとか、キスとか、体を舐《な》めるのが恋愛なのではないだろうか。

それは実のところ恋愛とは、それくらい近づかないとわからない情報、特に匂いの情報を得るためだと思うからだ。

有名な実験として、男子学生に自分以外のあらゆる匂い（匂いのきつい食べ物、洗剤やシャンプー、整髪料、酒、たばこなど）を排除してもらい、週末の二晩にTシャツを着て寝てもらうというものがある。月曜日の朝、本人の汗と皮脂《ひし》がしっかり染みついたTシャツを提出させ、それをいったん凍らせて保存したのちに小さく刻み、試験管の底に入れる。それを女子学生たちが嗅いで匂いの評価を下すというものだ。

そうすると匂いの評価は相対的となり、ある男の匂いは女Aからすると、とても良い匂いなのに、別の女Bからすると、あまりよくない匂いだったりする。実は、匂いの良し悪しを決めるのは、自分とHLAの型がいかに重なっているかどうかだった。重なりが多いと良くない匂い、重なりが少ないと良い匂いと感じられる。

なぜだろう？

ちなみにHLAとはヒト白血球抗原のこと。白血球ではじめに見つかったが、実際にはほとんどの細胞の表面に存在する免疫の型だ。HLAは人間の場合に言うが、一般にはＭＨＣ（主要組織適合性遺伝子複合体）という。人間の場合にもＭＨＣと言い表されることがある。とにかく、ほとんどの細胞上にある免疫の型で、臓器移植の際に、型が合う、合わないと問題にされる。

臓器移植の際には型が合うことが重要だ。型が合わないと、その臓器は他人のものと認識され、免疫的な拒否反応が起きてしまい、定着しないからだ。しかし相手選びの際には型がなるべく合わないことが肝心となる。ＨＬＡの型とは、侵入してくる病原体に対する戦い方の違いであり、トランプの切り札のようなもの。切り札の種類は多いほうが有利である。

それなのに相手と重複する型を多く持っていると、生まれてくる子が切り札を重複して持つ可能性が高まり、極めて損なのである。そこで女は型の重なりの少ない相手を良い匂い、型の重なりの多い相手を良くない匂いと感ずる能力を進化させ、型の重なりの少ない相手を選ぶことができるようになったという次第だ。こういう能力は男にはない。

以上は男本人の匂いを極力排除した条件下での実験だが、実際の男女の出会いはもっといろいろな匂いが混在した状況で起きる。

そこでということなのだろうが、女は付き合いを初めてからは次のような方法によって相手のHLAの型の重なりの多さを見抜いている。

セックスの際の性的不満足度だ。具体的には、オルガスムスの回数の少なさと排卵期に相手と交わることを拒否することの多さだ。

要は性的に満足を得られないので、肝心の排卵期にはセックスを拒否したくなるということだろう。このようなことを続けていくと、女はほかの男に目移りするなどして、やがて別れを切り出すことになるだろうが、それで正解ということになる。性的な満足とは、HLAの型の重なり具合という最重要事項を見極める際の大変有力な手掛かりになっているのだ。性的満足という極めて本能的な判断基準を侮《あなど》るべきではない。

このように人間では最初の研究のように、これからお付き合いをするかどうかという時点で、そしてお付き合いの途中であっても相手のHLAの型を見抜く作業を怠らないが、それにしても驚いたのはフルーツコウモリである。

コウモリは普通、目があまり発達しておらず、飛びながら鼻から超音波声を発し、障壁となるものや、ガなど夜行性の昆虫にあたってはねかえる音声によって、そのありかを突き止める(エコーロケーション、反響定位)。フルーツコウモリはその名の通り、フルーツを食べるのでエコーロケーションは行わない。目が発達し、昼間に活動する。飛ぶ必要もないので体も大きい。

中国から東南アジアにかけてすむ、コバナフルーツコウモリの研究によると、オスとメスとがケージの天井からぶら下がり、メスの背後からオスがペニスを挿入して交尾する。そのときメスは、我々が腹筋を鍛えるときのように上半身を起き上がらせ、挿入中のオスのペニスの根元を舐《な》めることがある。フェラチオだ。

中国の昆虫学研究所の研究員が観察した二十ペアのうち、フェラチオは十四のペアで行われたが、フェラチオ組の交尾時間は平均二百二十秒。そうでないペアの平均百二十秒を二倍近く上回った。

フェラチオ自体に費やされる時間は微々たるものなので、交尾時間の全体がフェラチオの作用によって伸びたということになる。メスがオスを「励ました」結果、オスが頑張れたのである。

このように交尾時間を延長することによって、メスはどのような利益を得るのだろう。まずは交尾時間を長くすることで、受精率を高められるし、その間はオスを独占できる。またフェラチオで唾液をペニスに塗り付けると殺菌効果がある。確かにそうなのだが、それに加えて、ペニスを舐めることで相手のＭＨＣの型をチェックすることができるのだ。舐めるというのは相手の匂いを嗅ぐのと同じ効果があるだろう。もし、あまりいい匂いでなかったら、ＭＨＣの型の重なりが多いと判断し、交尾を中断することも可能だ。

こうしてみると、人間のフェラチオも相手のＨＬＡの型の重なりが多いかどうかを判断する過程だと考えてもいいと思う。フェラチオは前戯の間に行われることが多いと思うが、もし、あまり良い匂いでなかったら、女はがっかりして行為を中断してしまうだろう。しかし、それでいいのである。

夢がない話で申し訳ないのだが、恋愛とは所詮は相手の免疫の型を探る過程。私は恋愛についてロマンティックな形容がなされればなされるほど、ウソ臭いな、どこかごまかしているなと疑ってしまう。逆に、このような身も蓋もない説明をされると、納得し、安心してしまうのだ。

やたらにモテる男はここが違う

あるネット番組に出演したときに、司会の坂上忍さんと放送作家の鈴木おさむさんが、こんな感想を漏らしていた。

「なんでモテるのかさっぱりわからないのに、やたら女性にモテる男性っているよね」

本題からそれるので編集でカットされたが、これぞ議論すべき大問題なのだ。

なぜモテるのかわからないというのは、ルックスの良さ、声の良さ、スポーツの能力、音楽の能力、話の面白さなど、およそ男がモテるための要素が何一つ見当たらないというのに、なぜかモテるということだ。しかも、そういう男はたいていやたらめったらモテる。

お二人がそういう男の例として出されていたのは、落語家の林家正蔵《しょうぞう》さんで、一世を風靡《ふうび》した林家三平さんのご子息だ。そのモテ方は尋常ではないという。

言われてみると確かにそうだ。傍から見ている限りではモテ要素が見つからない。落語家なので話は得意なはずだが、テレビなどで披露されるフリートークも、そう上手とは思えない。女が捧腹絶倒《ほうふくぜっとう》するほどでもないのだ。

このように、どこがそんなにモテるのかわからないのに、やたらめったらモテる男がいる……。

私が思いつくのは、彼は極めて珍しいＨＬＡ（ヒト白血球抗原）の型を持っているのではないかということだ。ＨＬＡとは、ＭＨＣ（主要組織適合性遺伝子複合体）ともいわれる。ほとんどの細胞上に存在する免疫の型だ。人間だけでなく、その他の哺乳類や魚にも存在するが、ここでは人間の場合を言い表すＨＬＡで通そう。

ＨＬＡには六つの遺伝子座（位置）があり、それぞれに様々な遺伝子の型が存在する。型は調べれば調べるほどいろんな型が見つかるが、その一方でメジャーな型も結構ある。

問題となるのは、女が男を選ぶ際に、なるべく自分が持っている型と重なりの少ない相手を選ぶべきだということだ。重なりが多いと、自分の型と同じ型を重複して持つ子どもが生まれる確率が高くなってしまい、損である。型とはトランプの切り札のようなもので、しかも何度でも使うことができる。それなのに同じ切り札を二枚持つというのはもったいない話なのである。

では、型の重なりの多い相手を避けるために女はどうしているのか。それが、重なりの多い相手の匂いを臭いと感じ、重なりの少ない相手をいい匂いと感ずるという感覚である。女はそのような能力を進化させているのだ。

ちなみに男にはこのような能力はない。動物はメスがオスを選ぶのが原則で、人間もその例に洩れないからだ。

ここで、ほとんど誰も持っていない、極めてまれなHLAの型を持った男がいたとしよう。その男は、ほとんどすべての女とその型については重ならないことになる。つまり、ほとんどすべての女にとっていい匂いの持ち主であると認識される確率が極めて高いのだ。それゆえに、やたらとモテるわけである。

ほとんど誰も持っていないHLAの型を持っているということの意味は、バクテリア、ウイルス、寄生虫といった病原体が、まだ攻略法を開発できていないということである。稀《まれ》な型であるために病原体に出会う機会がまだほとんどなく、したがって攻略法を開発する機会もないというわけだ。だからこそ、すべての女がその型を取り入れたいと願い、そのために、その相手の男の匂いをいいと感ずる感覚が鋭敏化しているわけなのだ。

こういうふうに新しい型が現れると病原体に対して極めて有利であり、メスが非常に好むというステップがあるためだろう、HLAの型は調べれば調べるほど、次々に新しい型が発見されるのである。

その一方で、メジャーな型というものも結構あって、それが意味するところはよくわからない。何らかの病原体に対して強いということかもしれない。

ともあれ、なんでモテるのかがわからない不思議な男を見つけたなら、彼は極めてまれないＨＬＡの型を持っているのではないかと考えるといいかもしれない。ただし、それは遺伝子の型を調べるという医学の力を借りない限り男には見抜けないが、女には匂いという感覚によって、かなり容易に見抜くことができるのである。

『源氏物語』に登場する薫《かおる》は、どんな香りによっても再現することのできない、天然の良い香りを発する人物だったという。しかも父である光源氏の（源氏の正妻の女三宮《おんなさんのみや》の浮気相手である柏木《かしわぎ》が本当の父であったとしても）高貴な血筋を引き、ルックス的にも恵まれていたはずだ。

極めて稀なＨＬＡの型を持つ上に（これだけでもめちゃモテ）、血筋、ルックスと恵まれていた。幾重にもモテ要素を備えた彼が、女にモテないはずはないのである。

愛人は色っぽい娘を産み、のしあがる？

長年続いた名番組「タモリ倶楽部」が終了した。特に名物コーナーである「空耳アワー」が終わることをとても残念に思う私だ。

空耳アワーをご存じない方のために説明すると、洋楽の歌詞が我々日本人には日本語に聞こえてしまうことがある。そこで視聴者から、何々という曲の初めから何分何十秒あたりがこう聞こえるという投稿を募る。傑作の場合にはスタッフがそれに合わせたコントを作成し、役者の卵みたいな人に演じさせる。それに対してタモリさんたちが何段階かの評価を下すというものだ。

これまでの名作として、ヘビーメタルバンドのメタリカの「千代田生命に行こう」「寿司　鳥　風呂　寝ろ」、マイケル・ジャクソンの「パン　茶　宿直」などがある。

空耳アワーの終了のニュースとともに、思い出したのが、次のようなタモリさんの鋭い指摘である。

タモリさんの子ども時代には、お妾《めかけ》さんの子というのがクラスに一人くらいいた。その子（女の子）たちが、その他の女の子たちとは明らかに一線を画すくらいに色っぽかったというのである。つまり、お妾さんの子には女の子が多く、しかも女として非常に魅力的であるということだ。

この観察結果には、実に様々な動物行動学的な要素が含まれていると思う。

そもそも本妻さんとお妾さんでは、子の性比に違いがあって当然と思われる。本妻さんは夫からの投資（食料など生活一般だけでなく、教育なども）を十分に引き出せる立場にある。

まずは、その意味で男の子を産むべきだ。男の子は大きく生まれ、大きく育つことで将来の繁殖に有利になる。高い教育を受けさせることなども繁殖に有利になる。

そしてもう一つには、夫はお妾さんを持つことができるほど、財力があり、お金を儲ける才能もあり、社会的にも高い地位にある。だから単にそれらを譲り受けるという意味でも、そういう才能を受け継ぐという意味でも男の子を産むべきだ。

この件については、アメリカの歴代大統領の記録やヨーロッパの「紳士録」を利用することで地位の高い男には息子が多いことを示した研究がある。

片やお妾さんはどうだろうか。

本妻さんほどには子への投資を望めないだろう。となれば、投資の大小が将来の繁殖に響かない女の子を産むべきだ。女の子は体が小さいことや高い教育を受けていないことなどが繁殖に影響を及ぼさない。父親の社会的地位の高さも、財力のあるなしも、お金儲けの才能も繁殖という意味では、ほとんど関係ない。女の子で繁殖の成否(ここで言うのは単なる子の数ではなく、子が社会階層をいかに登っていくかに重点を置くこととする)に最もかかわってくるのは美貌だろう。

つまり、ここでお妾さんという母の立場が効力を発揮する。お妾さんとなるのは、普通の女よりもハードルが高い。美貌はもちろんのこと、色気、なんとはなしの雰囲気、物事に対し〝粋《いき》〟であること……などだ。

もし子がこれらを受け継いだとすると、息子よりも娘を産むほうが、その子の将来の繁殖にとって断然有利なのである。その娘は自身の女としてのあふれんばかりの魅力により、財力があり、社会的地位が高く、お金儲けがうまいなど、様々な才能を持つ男の妻となり、まず社会の階層をあがる。そして財力と能力を受け継いだ息子を得るのだ。しかも息子は母譲りの美男であることが多く、鬼に金棒のモテ方をするだろう。

タモリさんが見抜いた、お妾さんの子には女の子が多く、普通の子よりも段違いに美しいとか色っぽいというのは、こういうことなのではないだろうか。

ちなみに鳥のオオヨシキリでは、ここで論じたことが証明されている。ライバルオスとの戦いに勝って大きな縄張りを構え、十分な食料を確保することができたオス、あるいは声の良さやさえずりの複雑さという魅力によってメスをひきつけたオスは、第二、第三の妻を得ることがある。

その場合、女はどういう性比で子を産むのだろう。ある調査では本妻の子の五八％、お妾さんの子の四八％がオスであった。「そんなに違わないじゃないか」と思われるかもしれないが、十分に大きな違いなのである。

2章

モテない、相手にされない――フェミニズムの復讐

――保守もリベラルも動物行動学で一刀両断！

上野千鶴子さんの最大の目的は〝女としての活動〟を妨害すること

『週刊文春』（二〇二三年三月二日号）の「おひとりさまの教祖　上野千鶴子が入籍していた」と題する記事が話題を呼んだ。

二〇〇七年に刊行された『おひとりさまの老後』（法研）が八十万部のベストセラーとなり、以後の「おひとりさまシリーズ」と合わせて百二十八万部の売り上げ。自ら責任編集した「おひとりさま」についての雑誌まである上野氏。

その上野氏がすでに一九九六年頃から、歴史学者で二十三歳年上の色川大吉氏と付き合い始めていた。色川氏には妻子があったが、九七年には上野氏と共同名義で八ヶ岳の麓《ふもと》に土地を買い、別荘を建てた。色川氏は妻子と別れてこの別荘に移住、上野氏は時々東京から通うという事実婚状態になった。

つまり、おひとりさまシリーズが話題を集めていた頃、上野氏はすでに十年以上も事実婚状態にあったというわけだ。

二〇一七年には色川氏の妻が亡くなり、二一年には色川氏自身が亡くなった。そして、なんと死の十五時間前に上野氏は色川氏と入籍。それは法的手続きによって死亡届、遺産相続などの問題を円滑にするためだったという。

おひとりさまの教祖がおひとりさまではなく、しかも、あれほど非婚を勧めておきながら結婚していた……。まさに、どないなってまんのや、の世界なのである。

上野氏は『婦人公論』（二〇二三年四月号）で、「私はおひとりさまの教祖ではない。発案したことも広めたこともない」とすぐさま反論しているが、いやいや、おひとりさまシリーズを何冊も書き、責任編集した、おひとりさまの雑誌もある。発案し、広めているではありませんか。

この騒動に対し、一般人も含めれば数えきれないほどの人々がそれぞれの視点で評論しているが、なかでも最も興味深かったのが、『ＷｉＬＬ』（二〇二三年五月号）の谷本真由美氏の記事「人生を狂わせた上野千鶴子――『おひとりさま詐欺』」である。

というのも、谷本氏は上野氏の言説に最も影響を受け、被害を被《こうむ》ったとされる、「氷河期世代」（バブル崩壊後の経済停滞期に就職活動を強いられた世代）だからだ。それゆえ、この記事のリード部分は「よくも騙してくれたな！　女性たちの悲痛な叫びが聞こえる」となっている。

谷本氏によれば、この世代だけ平均収入が異様に低く、未婚率も高い。それは一にも二にも不景気によるが、上野氏をはじめとする左翼、フェミニストの影響も少なくないのではないかという。

氷河期世代が思春期を過ごした一九八〇年代から九〇年代にかけて、左翼、フェミニストたちは若い女性に向けてメッセージを発信し、人気となった。曰く、「女は男の奴隷じゃない」「結婚は人生の墓場」「子どもなんて産まなくていい」「キャリアを優先すべきだ」「男に頼らず自分で何でもする」「フリーセックスでいい」「不倫は女の自由」……など。強い女、自由な女というわけである。

結果として、化粧をせず、髪も伸ばさないなど、女らしい格好をしないとか、左翼活動に熱中するとか、不純異性交遊にハマるとか、親世代の古い価値観に反抗するようになったのだ。

このように氷河期世代は左翼思想とフェミニズムを植え付けられ、洗脳され、男は差別主義者、男はセックスしか頭にない、夫は権威主義者で思いやりがない……など、「男は怖い」「男は悪」と考えるようになった。その結果が、おひとりさまや晩婚、子なしという状態というわけである。

谷本氏によれば、これらはフェミニストが氷河期世代の女の子にかけた呪いであり、それは「暴力的な男性への憎悪をイデオロギーに昇華させ、若い世代に自分たちが味わった苦しみを経験させようとした」ためである。「金銭的にも物質的にも恵まれ、平和な時代を生きる若い女性のことが許せなかった」からだという。

ここで私が一つ、ハッとし、なるほどと思ったのは、上野氏をはじめとするフェミニストの論に、私がいつまでたっても学問的骨組みを見出すことのできない理由である。彼女たちの根底にあるのは、憎悪であり、同じ苦しみを味わわせたいという復讐心以外の何ものでもないことになる。フェミニズムは復讐という目的のために学問を装っているだけなのだ。そうだとしたら学問的骨組みなどあろうはずもないではないか。

フェミニストは、自分たちが暴力的男性から苦しみを受けたというが、暴力的男性が存在する原因を、谷本氏は戦争（第二次世界大戦）に求めている。男たちが戦争の後遺症として精神的に病んでいたのではないかというのだ。

この件について谷本氏の身内の例を挙げ、日本だけでなく、ドイツやオーストラリアにも見られる現象だとも説明されるが、どうもしっくりこない。戦争の後遺症として多くの男が病んでいたというよりは、フェミニストが育ったのが他ならぬ、父親が差別的であるとか、権威主義者で思いやりがない、といった家庭であったと考えるほうが、すんなり説明がつくのではないだろうか。

一連の上野氏の騒動を見て思ったのは、氷河期世代の女などがフェミニストに対し、「よくも騙したな」と思うのは自由だが、騙されないよう、なぜ注意しなかったのかということだ。思春期に、女子高など現実の男と接する機会の少ない状況に身を置くと、自身の力でそれらの言説を判断することは難しいだろう。

しかし大学に進学するとか、社会に出れば、すぐさまわかる。男はフェミニストが言うように、悪くもなく、怖くもなく、思いやりがないわけではないのだ。女子高育ちの谷本氏も社会に出てすぐに気づいたそうである。気づいたなら、すぐさま男性像に修正をかけてもよさそうなものではないだろうか。

もう一つ気づいたのは、フェミニストはもともと、他の女たちを洗脳することで自分たちが抜け駆けすることを狙っていたのではないかということだ。

彼女たちの主張する、男とはこれくらい悪である、怖いものである、化粧をするとか、女らしいファッションに身を包むなど、男に媚《こ》びるのは自立した女のすることではない、結婚は女の墓場、子どもなんて産まなくてよい、キャリアを優先させるべき……など、これらすべては、男と結ばれ、結婚し、子どもを産むという女の王道を妨害するものではないか。

フェミニストの最大の目的は他の女たちの〝女としての活動〟を妨害すること。

そうしてできた隙間を利用し、自分たちだけが抜け駆けすること……。

そうだとすれば上野氏の、おひとりさまを勧めながらの事実婚も、非婚を勧めながらお相手が亡くなる寸前で入籍することも不思議ではない。どこまで意識して行っているかはわからないが、本来の狙い通りではないだろうか。

リベラル左翼男性は女にモテない

私が子ども時代を過ごした昭和三十～四十年代は自虐史観教育の真っ盛りであったはずだが、その影響を受けることはまったくと言っていいほどなかった。

青年期には誰でも一度は左翼やリベラル思想に惹かれ、それは〝流行病《はやりやまい》〟のようだと言われる。

しかし、これまた一度も罹《かか》ったことがない。

大学は左翼の巣窟《そうくつ》のようなところで、まわりは左翼だらけであったが、それでも〝感染〟することがなかった。

私がこれらの誰でも罹り得る二大〝疾病《しっぺい》〟を免れたことには、私が持つ、極めて素直ではない性質と、本心から納得できないことを妥協して受け入れることはできない、という頑固な性質が関係しているのだろう。

自虐史観教育は、たとえば先生は「日本は悪いことをした。日本人は反省しなければならない」と言うが、具体的な説明がないことにまず胡散臭《うさんくさ》さを感じた。また、その言葉が呪文のように繰り返されることには大いに違和感を覚え、警戒した。

このようにして小学校、中学校時代を乗り越えた。

高校は極めて個性的な連中の集まる高校であり、先生方も生徒に干渉しないので、これまた特定の思想に惹かれることはなかった。

問題は大学である。

私が一九七五年に入学した京都大学は、当時でもまだヘルメットにゲバ棒の学生が散見されるほどの左翼大学。先生方も左系が多かった。

とはいえ、英国首相・チャーチルの名言とされる（異論もある）「若いときにリベラルではないのは情熱が足りない」という言葉のように、若い時に情熱をもって思想と取り組めばリベラルとなっても不思議はなく、それには十分な意味さえあると思う。

若い時には、その時期にしかできないことがある。

新しいことに取り組み、何かに挑戦すること。

そのためのエネルギーもパワーも好奇心も、失敗を恐れない（あるいは失敗を予想することができない）性質などを持ち合わせている。

ただし、私が若い頃に出会ったリベラルや左翼の人々（特に男たち）とは、どうしても気が合わなかった。

そもそも彼らは社会やまわりの環境を恨むところから物事を始める。

なぜ恨み、他人のせいにするのか？

なぜ建設的なことから始めないのか？

彼らが恨んでいる最大の関心事は、異性にモテないということだった。

しかし、そのモテないことをまわりのせいにして、少しもモテるための努力をしないのである。

たとえば男はルックス的にモテなくても、性格が明るい、いや明るく振る舞うよう気をつけさえすれば、たちまちモテる可能性が現れてくるのである。ところが、彼らは努力なしで不平不満だけを連ねるというわけだ。

もう一つ、私がリベラル・左翼男とはどうしても相いれなかったのは、ジョークをどう扱うかという問題だ。

私は人を評価するときに、ジョークを解するかどうか、うまいジョークを言えるかどうかをかなり重要視する。

少なくともそういう相手とは気が合うし、気分良くつき合える。

ジョークの持つ意味はよくはわからなかったが、とにかくジョークには人の持つ何らかの能力が反映されているのではないか、ということだけは漠然と考えていた。

ところがリベラル・左翼男たちはジョークを言っても通じない。

それどころか、ふざけているとか、不謹慎という言葉でたしなめてくるのだ。

ジョークの意味がわかったのは、かなり後になってからで、それは脳内出血が起き、左右どちらかの脳にかなり重大なダメージを受けた患者の症例を知ってからだ。

政治風刺漫画を見せたとき、右脳にダメージを負った患者の場合、言語脳である左脳は大丈夫であるため文字は読めるが、それがなぜおかしいかが理解できない。

アメリカ共和党のシンボルマークになっているゾウが木に登っている風刺画に対し、「ゾウが木に登るなんてあり得ない」などと真剣に怒るのである。

片や左脳にダメージを負った患者の場合、文字は読めないが、くすりと笑う。ゾウが木に登ることの滑稽《こっけい》さを理解できるのだ。

つまり、ジョークを理解するには右脳の働きが必要ということがわかる。そして右脳を発達させるのは、男性ホルモンの代表格のテストステロンである。

ということはジョークをよく理解できる男は、テストステロンによって右脳を十分に発達させているわけであり、それは同時に男性としての魅力も備えていることになる。テストステロンは男の魅力を演出するホルモンだからだ。

こうしてジョークをよく理解できないリベラル・左翼男がなぜモテず、モテようと努力さえしないのか、という謎が解けてきた。彼らはテストステロンのレベルが低く、右脳が発達しておらず、そもそも男として魅力的ではないのである。

私が若い頃にリベラル・左翼思想に惹かれなかったのは、一つにはジョークを重要視しており、それがそれらの思想と、その信奉者である男たちを受け入れないための防波堤になっていたからかもしれない。

結果として、男としての魅力に欠ける「リベラル・左翼男」とつき合わなくて済んだのだろう。

裕福で恵まれていても〝革命ごっこ〟に酔いしれる

作家で法政大学教授の島田雅彦氏の発言が問題になった。

ご承知の方も多いと思うが、二〇二三年四月十四日、自身のインターネット番組『エアレボリューション』で、

「こんなことを言うと、また顰蹙《ひんしゅく》を買うかもしれないけど、いままで何ら一矢報いることができなかったリベラル市民として言えばね、せめて『暗殺が成功して良かったな』と。まあそれしか言えない」

と、安倍晋三元首相の暗殺について発言した。しかも翌日には岸田首相の暗殺未遂事件も発生。

「暴力を肯定している」

「暗殺が良かったと思うのがリベラル市民なのか」

といった声が起こり、政治評論家の屋山太郎氏も、「とんでもなく、ひどい発言。教育者という自分の立場も考えるべきだ。極めて非常識であり、公の場で話す資格はない」「世界中どこにも『暗殺がいい』という常識はない」と怒りをあらわにした。

ジャーナリストの有本香氏も「恐ろしい発言だ。リベラリズムから最もかけ離れている」と指摘。

このような声に島田氏は『夕刊フジ』に謝罪文を提出した。

「テロの成功に肯定的な評価を与えたことは公的な発言として軽率であったことを認めます。殺人を容認する意図は全くありませんが、そのように誤解される恐れは充分にあったので、批判は謙虚に受け止め、今後は慎重に発言するよう努めます」

と反省した。しかしながら「公的な発言としては軽率」ということは、私的な発言なら良いのか、という疑問を残してしまう。さらに、殺人を容認する意図はないが、そのように誤解される恐れは十分にあったというが、誤解もなにも、暗殺が成功して良かったと、はっきり言っているではないか。

そして「安倍元首相襲撃事件には悪政へ抵抗、復讐《ふくしゅう》という背景も感じられ、心情的に共感を覚える点があったのは事実です」「山上容疑者への同情からつい口に出てしまったことは申し添えておきます」と、つい本音を語る。

ただ、その一方で、

「大学の講義で殺人やテロリズムを容認するような発言をしたことはありません。テロ容認、言論に対する暴力的封殺に抵抗を覚えるのは一言論人として当然」

と釈明した。

四月二十日には、自身のツイッターにおいて四連続でこう謝罪している。

《ネット放送『エアレボリューション』での軽率な発言により、大きな誤解を招いたことを反省し、今後、慎重な発言に努めることを改めてお伝えします》

もう一度言うと、誤解を与えてはいない。はっきりと暗殺が成功して良かったと言っている。

《また大学の講義で殺人やテロリズムを容認するような発言をした事実は一切ないこと、言論に対する暴力的封殺であるテロリズムにも、先制攻撃や敵基地攻撃など専守防衛を逸脱する国家的暴力行為にも反対であることを明言します》

テロもだめだが、先制攻撃、敵基地攻撃もだめと、どうしてテロのついでに国家の防衛の問題が語られるのだろうか？

《その上で夕刊フジが私の釈明文を掲載しつつも、誤解を拡大し、炎上を煽る紙面作りをしたことに対し、また記事に扇動され、法政大学や在学生に対する卑劣な中傷を書き込んだ者に対しても強く抗議します》

あなたはいつの間に被害者になったのだろうか。

《しかし彼らにネガティブ・キャンペーンを展開する余地を与えたのは私の不徳の致すところであり、いわれなき中傷を受けた学生諸氏、教員、職員の皆さんにご迷惑をお掛けしたことを陳謝するとともに、皆さんの名誉を守る努力を以て償いたいと思います》

あくまで被害者と言いたいのだろうか。

ともかく、これではひたすら火に油を注ぐだけであり、島田氏のツイッターは大炎上した。

島田氏の発言を聞いていると、ただの左翼というよりは、かなり本格的な左翼だ。それもそのはずで、氏は二〇二二年九月十八日の日本共産党創立百周年記念講演会に談話を寄稿し、「日本共産党支持」を表明しているのである。

私は共産思想に惹かれる男は、基本的にモテない男であると考えてきた。京都大学に入学して真っ先に気がついたのは、民青（日本民主青年同盟、共産党の青年組織）の連中が、そろいもそろって女にモテないタイプであることだった。

一方で、共産主義思想の根幹をなすのは、平等で貧富の差がないこと。つまり、平等というのは、モテない自分にも平等に女を割り当てよという意味。貧富の差がないというのは、自身の才覚によって金儲けに成功し、女にモテる男が許せない、だから貧富の差はあってはならないという意味。どちらもモテない男にとって都合のいい思想である。だから惹かれるのだ、と。

この考えはその後、中国で「共産の女は共同の女」と言うとか、旧ソ連では女は国家の所有財産であったとか、共産主義の本質はまさにそういうことだと多くの人から指摘されることになったのだが、一方で、どうも気になることがある。

島田氏のように、女にモテないわけではなく、裕福でもあるのに、左翼思想・共産主義思想に惹かれる男が結構いるということだ。

私は文藝春秋、新潮社という決して左ではないはずの出版社の男性編集者たちと長年接してきた。

彼らの中には島田氏と同様、東京や東京近郊で生まれ育ち、実家はかなり裕福で知的、本人も有名私立大学や国立大学の出身で、洗練された都会的センスを持ち、情報通、性格、ルックスもいい、頭もいい、もちろん女にモテる、そして繊細な、絵に描いたような文学青年なのだが、かなりの左翼という人物がごろごろといたのだ。

　これはいったいどういうことなのだろう。

　彼らは一様に学校の勉強ができ、先生の言うことをまじめに聞く。だから、まずは戦後の自虐史観教育を受け入れ、体制に逆らい反乱する者のほうが正義であるという刷り込みをまともに受けたのだろう。

　しかし彼らは本当に虐《しいた》げられているわけではない。裕福な家庭に育ち、自らも高収入で、社会的地位は安泰だ。

　そうしてみるとこれは、極めて安全な場所に身を置きつつも、体制批判をし、時には革命も夢見る（実際、島田氏のインターネット番組の名は、『エアレボリューション』だ）——そんなごっこ遊びを、モテないわけでもなく、十分に裕福なお坊ちゃまたちが楽しんでいるということではないのか？

　環境保護運動をしているのは食うに困らない、余裕大ありの者たちだ。本当に困っている人々は環境保護どころの話ではない。左翼活動も、安全な場所に身を置く、なにかと恵まれた者たちが、自分たちには決して害が及ばない範囲で、体制批判、革命ごっこ遊びをする。そういう部分があるのではないだろうか?

島田氏の騒動を見て考えがまとまったのは、そのようなことだった。

保守の女性に品のいい美人が多いのはナゼ?

実業家であり、エッセイストでもあった浜田マキ子さんが二〇二二年五月二十九日、八十歳で亡くなった。元衆議院議員であり、参議院議員でもあったご主人、浜田卓二郎氏の逝去からたった十三日。後を追うかのような亡くなり方だ。

マキ子さんのブログを見ると五月二十八日、「未来ネット土曜塾　渡辺惣樹さんと馬渕睦夫大使」と題した文章の中に「とんでもない体調不良で途中退席を余儀なくされました。残念」とあり、更新の時間は一九:五〇。

体調が良くない中でも最後の力を振り絞ってブログ記事を書き、その翌日に亡くなったことになる。

浜田マキ子さんと聞いてピンと来ない方もあるだろうが、ご主人の卓二郎氏と同様、政治家を目ざしたことがある。

最近ではネットテレビ「未来ネット」の主催者であり、私はちょうど一年前にその中の番組『いわんかな』にゲスト出演した。髙山正之先生、馬渕睦夫先生、福島香織先生、宮崎正弘先生、塩見和子先生がレギュラーをつとめ、数ある保守系ネット番組の中でも、ここが一番とがっているなと感じたほど、内容は先鋭的だった。それはマキ子さん自身が極めてハイレベルの保守番組を追求された結果ではないかと思う。

そのマキ子さんだが、保守の女性の魅力を全身で体現したような方だった。保守の女性には大変品のいい美人が多いという印象がある。

少し思い浮かべていただきたい。あの方もこの方も、またあの方も……（私は原則から外れます）。そして優雅なしゃべり方ながらも芯が強く、胆《きも》も据わっている。いつも笑顔を絶やさず、会えば必ず元気をもらえる……。

一方、女性でもリベラル、左派、フェミニストたちはと言うと……（これ以上は言いません）。

それにしても、なぜ保守の女性は品の良い美人が多いのだろう？

保守思想と美人であること。その本質を知るためには本人よりも、その血縁者、つまり父親とか兄弟、特にその繁殖戦略に注目すべきではないかと思う。繁殖は、女よりも男の場合に個人的差が大きく現れる。女はモテようがモテまいが、産むことのできる子の数に限りがあるが、男の場合には驚くほど違いがあるからだ。もちろんモテる男ほど子の数は多いと考えて良い。つまり、品の良い美人で保守思想の女の父親や兄弟というのは、ルックスが良いという共通の資質があるはずで、ハンサムでモテるタイプである可能性が高い。そして思想的には保守である可能性が高いのである。

私は人が惹かれる思想には、本人の繁殖戦略が大きくかかわっていると思う。

平等は、左翼思想の根幹をなすものだが、これは普通の平等のほかに「自分にも平等に女を分け与えよ」という意味があると解釈している。実は、『いわんかな』に呼ばれたときにこの考えを述べたところ、馬渕先生、福島先生、髙山先生から即座に反応が返ってきた。共産主義は女性を国家の所有物にしていること、「共産の女は共同の女」という意味の中国語のことわざがあること、学生運動の時代、左翼の活動家は女性とセックスできることをエサに男性メンバーを勧誘していたことなどだ。

いずれも女にモテない男が、自分にも女を分け与えよと思っていることの表れか、セックスをえさにひっかかってしまうという例だ。左翼思想の本質とは、一つにはモテない男による、モテたい願望の実現にあるのではないだろうか。

そうしてみると逆に、モテる男としては「女を平等に分け与えよ」とわざわざ言う必要はない。稼ぎの良い男なら、平等と並ぶ左翼思想の根幹である、「貧富の差をなくせ」とも言う必要がない。

つまり、女にモテる男は左翼思想には惹かれず、思想的には保守のはずである。その血縁者である女は、彼の持つルックスの良さという共通項を備えているので美人。そして思想的には保守の傾向がある、ということではないだろうか。

保守が清潔でアイロンがけされた服を着ているワケ

人に良い印象を持たれたければ、清潔を心掛けなさいと言われる。服装だけでなく、髪や、爪が汚れていないとか、ちゃんと歯みがきをしていることなどだ。

極めて当たり前のことなのだが、では、それはどうしてなのかと考え始めると、よくわからなくなってしまう。

そのヒントになるのが、米ニューヨーク市立大学のK・J・エスキンらが行った研究だ（非常に明確にわかったので、この研究を紹介する）。

学生を三つのグループに分ける。
・甘い味を味わう（ジュースのミニッツメイドベリーパンチをひとさじ）
・苦い味を味わう（スウェディッシュビターなる様々なハーブの入った強壮剤をひとさじ）
・水を味わう（比較のための対照群）
その一方でモラルジャッジメントという、いろいろなモラルに反する場面の描写に対し、どれほどモラルに反するかを判定させる。この研究で用いられたモラルジャッジメントは、以下の六つの場面についてだ（相当気持ち悪いものもあるので閲覧注意）。
①またイトコと合意のうえで近親相姦を冒《おか》す
②死んだ飼い犬を食べる男
③賄賂《わいろ》を受け取る下院議員
④獲物を狙って病院内をうろつく弁護士
⑤万引きをしている男
⑥図書館の本を盗んでいる学生
とんでもない例からだんだんマイルドになっていくが、ともかく、それぞれがどれほどモラルに反するかを0から100までの段階で評価し、平均を取る。

すると以下のような結果となった。

・苦い味のグループ……七八・三四
・甘い味のグループ……六一・五八
・水（比較対象）のグループ……五九・五八

甘い味と水のグループには統計的な有意差はないが、苦い味と他の二つのグループとの間には有意差があった。苦い味を味わうと、同じ場面であったとしても、より厳しいモラルジャッジメントが下るのだ。

実は、不潔感を覚えるとか、不快な匂いを嗅いだときにも、モラルジャッジメントは厳しくなることがわかっている。つまり、自分が清潔ではない服装をしているとか、爪が汚れているなど、体が不潔であると、同じことをしてもより厳しい判断が下り、そういう意味で清潔を心掛けましょうというわけなのだ。

このような体の不潔さや不快な匂い、苦い味という、より厳しいモラルジャッジメントを引き出す要素が意味するものとは何だろう。

それらは、腐った食べ物や病原体から発せられる信号である。要は身を守るために不快感が進化したのだ。その不快感がどのようにしてモラルジャッジメントのような社会的な問題の判断まで左右するようになったのかは不明だ。しかし脳において、体の不快感についての領域とモラルの不快感についての領域に重なりがあることはわかっているのである。実は「政治的立場」(保守とリベラルを自己申告により七段階で答えてもらう)と「嫌悪感受性」(病原体を恐れる性質)との間にも相関関係があることがわかっている。保守であるほど嫌悪感受性が強く(病原体を恐れる)、リベラルであるほどそれは弱い(病原体を恐れない)のだ。

ということは、だ。モラルジャッジメントについても、同様の傾向にあると言えるのではないだろうか。保守ほどモラルジャッジメントが厳しい傾向にあり、リベラルであるほど、それは厳しくないのではないのか?

自分を含め何人もの人々が思い浮かぶが、ここはテキサス親父に登場してもらおう。テキサス親父はネトウヨの常識とされる人で、本名はトニー・マラーノ。アメリカ、テキサス州在住、世の中の様々な不条理に怒り、YouTubeで発信している方である。定年退職後の自分のお役目として戦っておられる。シーシェパードなるインチキ環境保護団体を天敵としており、アメリカでの従軍慰安婦像の設置に反対。それらの点で日本とのかかわりが深い。何度か来日して講演会も開かれている(テキサス親父日本事務局も存在する。ちなみに私はフェイスブック友達に認定されている）。

その親父さんが、質素でほとんど同じ服であるものの、いつ見ても清潔できちんとアイロンがけされた服装をしているのである。ご存じない方は一度ＹｏｕＴｕｂｅでご覧ください。保守、まがったことが大嫌い（モラルジャッジメントが厳しい）、清潔な体と服装という要素がすべて揃っている人だから。

リベラル系病院では病院食に期待しないほうがいい

ちょっと意外な体験談を聞いた。

知り合いが三カ月弱の入院生活を送ったのだが、その病院の食事がやたらおいしくていつも完食し、かなり太ってしまったというのだ。そこは公立の病院ではないものの、いわゆるセレブ病院でもない。病院食とはまずいものと思っていた私にはかなり意外だった。

実際、これまた私の知り合いが某地方都市の「生協病院」に入院していたころ、食事のまずさに参っていた。それはお見舞いに行ったときに、ちらっと見ただけでもわかったほどだ。

生協病院の食事がまずいということで思い浮かぶのは、大学（京大理学部）の生協食堂のご飯が恐ろしくまずかったということだ。味よりも栄養を重視するということらしく、たとえばほうれん草はゆで足りなくて硬い。

ゆですぎると栄養が失われるという名目のようだが、そもそもゆで足りないほうれん草など食べたくないので我々は避けていた。これぞ本末顚倒ではなかろうか。

栄養価のあるほうれん草を食べさせようとした結果、まずいので避けられ、結局食べない。それならば、よくゆでたほうれん草を食べさせたほうがよほどましではないのか。

生協病院、生協食堂ときて、さらに思い出すのは、かつて近所にあった大衆食堂で、そこにはいつも『しんぶん赤旗』が置かれていたという事実だ。おかず全般がおいしくないことに加え、仰天したのは、サンマの丸揚げなるメニューが存在することだった。はらわたがとってないサンマを一匹丸ごと揚げている。ワカサギやコイワシ、シラウオなど、もっと小さな魚ならあり得るし、とてもおいしいのだが、サンマを丸ごと揚げるなんて……。案の定、その店はまもなく閉店した。

もうおわかりだと思うが、リベラル系、あるいは共産党系、左派系の病院や食堂では味が大味で、とにかく食べ物なんておなかが満たされればいいでしょ、というスタイルなのである。この大もとにあるのは何だろう。

それは、保守は「嫌悪感受性」（病原体を恐れる性質）が鋭く、リベラルはそうではない傾向にあるという事実ではないだろうか（二〇一一年、オランダのＹ・Ｉｎｂａｒらによる研究）。

嫌悪感受性については、次のような質問項目で測る。

「公衆トイレの便座には体のどこも触れさせたくない」「ソーダ水を一口飲んだところ、それが他人のコップであることがわかった」「交通事故で内臓がはみ出ている人間を見た」など、二十五の項目について、「まったく気にしない」から、「ひどく気にする」まで五段階で答えさせる。

それらを平均すると、保守ほど嫌悪感受性が強く、リベラルほどそうではないという見事な傾向が現れた。

保守（conservative）かリベラル（liberal）かは、自己申告によって七段階で答える。「very liberal」「liberal」「slightly liberal」「moderate」「slightly conservative」「conservative」「very conservative」までだ。

ここで嫌悪感受性とは何ぞやということなのだが、質問項目を見るとわかるように、バクテリアやウイルスのような病原体、そして汚染物質を嫌い、避ける性質である。つまり、保守とは、その本質が病原体や汚染物質をより嫌い、避けようとすることにあることがわかる。他方、リベラルはあまり気にしない。

ということはである。保守は味の悪い食べ物、つまり腐りかけているとか、何かが混入しているかもしれないという食べ物に対し、より敏感であっても不思議はない。このような観点から、実際に保守は味に敏感であり、リベラルはそうでもないのではないかという研究が行われ、実際にそのような結果が出た。

結局のところ生協病院や生協食堂、『しんぶん赤旗』を置いている大衆食堂の食事がおいしくないのは、そこがリベラルの牙城《がじょう》だからではないだろうか。そして今回、知人が入院した、やたら食事がおいしかった病院はキリスト教系であった。キリスト教が保守か、リベラルか、と言われれば、それは保守だろう。そもそも宗教とは伝統主義の最たるものだ。

実際、先のInbarらはその後、保守と伝統主義との関連を調べている。もちろん保守傾向が強い人、または、そのような国ほど伝統を重んじるのである。

ともあれ、こうしてキリスト教系病院の食事がやたらおいしく、生協病院や生協食堂の食事が大味だった理由がわかった次第だ。入院の機会がある場合の参考にしていただければ幸いだ。

オンライン通話――不安や孤独につけ入る全体主義

三年続いたコロナ禍で、私は人間というものがいかに大勢に従うのか、また従ってさえいれば安心感が得られる存在であるかを痛感した。それは、まるで催眠術にでもかかったかのよう。明らかに危険な状況を目の前に突き付けられたとしても、なんとも思わないほど鈍感になっている。

その象徴がマスク、ワクチンだ。

五月八日に感染法上の分類が五類（インフルエンザ相当）に引き下げられた時点でも、八割くらいの人がマスクを着用していた。

ワクチンに至っては、いくら副反応や後遺症、あるいは、それが原因と思われる死についで説明しても進んで接種する人がいる（ただし会社など、周囲の圧力によって接種せざるを得ない人には同情する)。子どもは重症化することが稀《まれ》なので、接種するリスクのほうがはるかに大きいというのに、子に接種させてしまう学校や親。

こんな不気味な現象を、私はかつて経験しただろうか? と自問自答していたら、こんな説明に出合った。それは、ベルギーのゲント大学のマティアス・デスメット教授が指摘する「大衆形成」(マス・フォーメーション)による全体主義の勃興《ぼっこう》である。教授の新著は『全体主義の心理学(The Psychology of Totalitarianism)』。世界的なベストセラーだが、まだ邦訳されていない。

ここで言う「全体主義」とは、二十世紀前半のナチスドイツやソ連のように、特定の、強烈すぎる指導者(デスメット教授のたとえによれば、ギャングの親玉のような指導者)によって引き起こされるものではない。デスメット教授は新しい全体主義が生まれる素地の一つとして、デジタル化の技術によって、人が人と直接会って話さなくなったことをあげている。電話やメール、オンラインの会議だ。

もし直接会って話すとすると、無意識のうちに相手の表情とか筋肉の緊張とかをまねており、相手の心の中で何が起きているかもよくわかる。つまり、相手と一体化できる。デジタル化は相手とのつながりを阻害《そがい》するもので、結果として不安やイライラ、孤独感をつのらせることになる。相手とつながっているようでいて、心の深いところではつながっていないのである。

そこで人々は不安やイライラ、孤独感を何かにぶつけたいと思う。皆がぶつければ達成感や一体感、集団の帰属意識を得ることもできるだろう（これを大衆形成という）。その何かとは、バカバカしいものであればあるほうが意味は大きい。

昨今の世界的規模での大衆形成で「何か」となったのが、新型コロナウイルス、マスク、ワクチンなどだ。ナチスなどとは違い、指導者は一個人ではなく、官僚やデジタル化を担う技術官僚というエリートたちである。

そのようにしてできてきた全体主義の社会にあって、人々はシステムのためには進んで命を捧げる。ワクチンで人が死んでいることを重々承知しながらも気にせず、喜んで追加接種する。小さな子どもは新型コロナにかかってもまず重症化しないのに、健康なわが子にわざわざワクチンを接種させる親も同様だ。

もっとも大衆形成が現れても、それに引っかからない人々が一定の割合で存在する。それらの人々はすっかり洗脳されている人々からは〝内なる敵〟と見なされ、不安の対象として扱われる。だからマスク警察みたいな、狂信的に信ずる人々や団体に密告され、つるし上げられるのだ。

デスメット教授によれば、流布《るふ》されている説を信じ、洗脳されている人々三〇%、大勢に従う人々四〇%、洗脳されていない人々三〇%くらいの割合であるという。結局、この洗脳されていない三〇%の人々が声をあげることが全体主義の突破口となる。

その動きの成果として、ヨーロッパなどでは子どもへの新型コロナワクチンの投与が禁止となった。

四歳までの子どもにワクチン接種を承認していない主な国は、ノルウェー、フィンランド、デンマーク、スウェーデン（ワクチンは十八歳以上のみ）、イタリア、フランス、スペイン、オランダ、ポーランド、スイス、イギリス（ワクチンは十二歳以上のみ）、アイスランド、オーストラリア、ニュージーランドである。しかし、アメリカと日本は子どもへの新型コロナワクチン接種を禁止していないのだ。

アメリカは利権が幅を効かせているためだろうか？　そして日本の場合には洗脳される人間のあまりの多さと、洗脳されていない人間のあまりの少なさのゆえだろうか。

私の感触では日本で洗脳されていない人々は一〇%、いや五%？　くらいに感じられる。一応洗脳されていないはずの私は、この圧倒的少数の人間による戦いという日本の状況が、憲法改正や核武装、皇統をめぐる問題、中国による侵略などに対するのと同様であることに無力感を覚えてしまう。日本はもうダメかもと、しきりに思うこの頃だ。

学校で投票すると教育への予算増に賛成したくなる？

ここ何年間、私が最も興味を惹かれ、勉強しているのは、「身体化された認知」という分野だ。

進化生物学と進化心理学という二つの分野は、一九八〇年代に分かれたが、すぐに融合した。そもそも、どちらの分野と分けること自体が無意味だからだ。生物の行動には心理があるし、心理があるからこそ行動するのだから。

その進化生物学とも進化心理学とも言える分野で頭角を現してきたのが、「身体化された認知」だ。

たとえば、ホット・コーヒー、またはアイス・コーヒーの入ったカップを持ってエレベーターで一階から四階まで移動する。実際には実験の協力者である女性が、「今、手がふさがっているからこれ、持っていてくれる？」と学生にさりげなく渡し、エレベーターを降りたところで受け取る。すると、どちらを渡されたかで、その人に対する評価が変わってしまう。

ホット・コーヒーを渡されたグループは、その人を「温かい」とカテゴリー分けされるキャラクターだと感じやすい。親切とか、思いやりがあるとか、優しいとか……など。アイス・コーヒーを渡されたグループは「冷たい」とカテゴリー分けされるキャラクターだと感じやすい。冷淡とか、無関心とか、それこそ冷たいとか。

そんな魔法のようなことが現実に起こり得るのかと疑いたくなるが、紹介した研究は多くの人が追試を行い、本当であることがわかっている。

もっとも、こういう研究ではでたらめも主張しやすいので、のちにウソと見破られたものも多数ある。信頼のための目安の一つとして、発表された学術雑誌の格の高さがあるだろう。格の高い雑誌なら、査読（発表前の審査。複数の専門家があり得ることかどうか検討する）がより厳しいし、発表後もより多くの研究者の目にさらされ、追試もなされるからだ。

次に紹介する研究は『ＰＮＡＳ』（米科学アカデミー紀要）という世界最高峰の雑誌に掲載されたもので、信用に足るはずである。それは、教育への予算を増やす件での投票は、投票所が学校であると、より賛成票を得られるというものだ。

何だかキツネにつままれたような話に思われることだろう。

二〇〇八年のこと、米ペンシルベニア大学のJ・バーゲンらは、二〇〇〇年のアリゾナ州の総選挙でのある発議、「教育の出費のために消費税を五・〇％から五・六％に上げること」についての住民投票を分析した。

すると、支持率は投票所が学校以外だと五三・九九％であったのに対し、学校だと五六・〇二％だったのだ。

投票所は日本では学校であることが圧倒的と思われるが、このアリゾナ州の投票所千六百十七のうち、教会が四〇％、学校が二六％、コミュニティーセンター一〇％、政府の建物四％という内訳だった。学校よりも教会のほうが圧倒的なのだ。

ともあれ、予想通りと思いたいところだが、まず投票する人が保守かリベラルかによって賛成するかどうかが違ってくるだろう。

リベラルの人のほうが学校への費用増額に賛成しやすい傾向にあるはずだ。そこで地域の違いによる政治的立場の違いというものを補正したが、それでも学校で投票することによって賛成しやすいという傾向は残った。

さらに学校の近くに住んでいるかどうかも影響するだろう。これについても補正したが、それでも同傾向は残った。

では、投票所が学校である場合、その学校がボロボロであるのなら、俄然教育への予算増を支持しやすくなるのではないだろうか。この件について検討すべく学校の築年数とボロボロかどうかの状況が考えに入れられたが、何とそれらの条件による支持、不支持の差は現れなかった。また、学校で投票することが何か別の効果をもたらしているかもしれないと慎重に検討されたが、何も見つからなかった。

結局、学校で投票するというその行為自体が、教育への予算増を支持するという心理を引き起こすのである。

我々はなんとも単純な存在であり、無意識のうちに起こる現象（この場合には学校で投票するという行為）が、現実の世界での重要な決定事項（教育への予算増）に間接的ではあるとはいえ、巧妙な影響力を及ぼすというわけである。

知らないうちに操作される。もしや、どこかの国の工作機関が利用するかもしれない、いや、もうしている？　と疑いたくなってしまうのだ。

3章
繁殖戦略はオトコより
オンナのほうが優る
――少子化対策はこれで決まり!

セックス回数の世界的減少——人類の進化はどうなる？

アメリカの大学生などの間で大変ポピュラーになっている、「フックアップ」(hook up)という文化・現象をご存じだろうか？

フックアップとは、相手と何らかの約束をするとか、責任を持つようなことがない短期間の性的な出会いを言う。恋愛ではない。さりとて行きずりの関係ともちょっと違うし、セックスフレンドとも違うような気がする（このあたり、まだよく理解できていない）。

hook upは、そもそも「ホックで留める」の意だが、目的語があるとそれに「接近する」、hookupという名詞で「性行為」、hook up with someoneで「誰と肉体関係を持つ」の意になる。

米インディアナ大学キンゼイ研究所のジャスティン・R・ガルシアらの二〇一二年のレヴューによれば、フックアップは、一九九〇年代後半から盛んになった。

たとえば、それ以前の一九九五年には、十七歳で特定の相手と恋愛関係になったことがあるのは、男子で六六％、女子で七四％だった。

これが二〇一四年になると、男女ともに四六%でしかない。恋愛をするのが大多数から半分以下へと急落しているのだ。その代わりにということなのだろう、最近の調査では、北米の大学生の六〇~八〇%に何らかのフックアップ体験(恋愛とは違う)があるのだ。

学生がフックアップをする場だが、二〇〇二年の調査によるとパーティー、学生寮や家がそれぞれ六七%、五七%と圧倒的であり、これが見知らぬ人とのただの行きずりの関係とは違う点だ。

では、学生たちの本音はどうなのだろう。

本当は伝統的な恋愛をしたいと思っているのは、六百八十一人の学生のうち、男は六三%、女は八三%なのである。またフックアップ経験のある五百人の学生のうち、相手と献身的な関係になりたいと思っているのは男四五%、女六五%。さらにフックアップの相手と、そのような関係になってみないかと話し合ったことがあるのは、男四二%、女五一%だった。

つまり、男も女も本当は恋愛をしたいと思っている。半数くらいがフックアップの相手と、できれば恋愛関係になりたいと思っているわけだ。ちなみに女のほうが恋愛をより望みがちであるという結果が現れるのは、男と女の繁殖戦略の違いにある。

女は一度妊娠すると次の子を得るチャンスは年単位でしか巡ってこない。片や男は一度射精したなら、次の子を得るチャンスは極端な話だが、精子が回復したとき。数日で巡ってくる。

女は一回の繁殖にかかるエネルギーも大きければ、拘束時間も長い。よって、じっくりと相手の質を見極め、選ばなくてはならない。恋愛とは相手の質を見極める過程と考えることができ、それがために女のほうが恋愛に重きを置くのである。

ともあれ、学生たちは潜在的には恋愛を望みながら、なぜ現実にはフックアップを実行するのだろう。

ちなみに二〇一〇年から二〇一五年にかけての学生の聞き取り調査によれば、

・三分の一が婚前交渉否定派
・三分の一強がとりあえずフックアップに参加する
・四分の一以下が積極的にフックアップに参加する
・それ以外に恋人あり

だった。大まかな計算によれば「恋人あり」は一割にも満たない。

なぜ、恋愛を望みつつもフックアップに走るのか。

アメリカの雑誌『アトランティック』のルポによれば、フックアップ文化の高まりと同時に起きたこととして、親たちが子どもの教育や将来の経済的基盤に対し、それまで以上に危機感をつのらせたことがあげられている。特に高学歴で富裕層の親が子どもに過剰な期待を寄せた。そこで子どもとしては勉強、部活動、ボランティア活動などに毎日時間を取られ、恋愛どころではなくなってしまった。

また恋に落ちると人生設計が狂わされる。恋愛よりもキャリアで成功することを選び、在学中は恋に落ちないように自分をコントロールするようにしているという。フックアップ文化はこうした背景があって隆盛を極めているということらしい。

私はこの説明に一応納得するのだが、フックアップ文化が始まった一九九〇年代後半というのは、パソコンや携帯、そしてスマホへと続くネット社会が勃興《ぼっこう》してきた時期でもあることに注目したい。つまり、ネットによって手軽にポルノが閲覧でき、現実の恋やセックスをする必要に駆られなくなってきた。そうなると、それらはむしろ面倒でさえある。

実際、セックスの回数が減り、マスターベーションの回数が増えているというのは世界的傾向だ。アメリカでは一九九二年から二〇一四年の間に、ある週にマスターベーションをした割合が、男で二倍の五四％に、女で三倍以上の二六％にまで増えている。そして、まさしくブロードバンドの導入後の一九九九年〜二〇〇七年にかけて、十代の出産率が七〜一三％も減少したというデータもある。

フックアップ文化にせよ、世界的なセックス回数の減少にせよ、それらの原因の多くが文化、文明にあることは間違いない。そして肝心なのは、いずれの場合にも恋愛によるセックスが極めて減少してきているということだ。恋愛によるセックスとは、少なくとも女がこの相手で良いと判断して行うセックス。もし、それが繁殖につながる場合には、人間の進化を促す原動力となるからだ。

そう考えてみるならば、現在の我々は文化によって他ならぬ人間の進化の原動力を放棄しつつあるということなのかもしれない。

イーロン・マスクさん、日本は消滅しませんよ！

電気自動車のテスラ社のＣＥＯで、最近ではツイッター社を買収したことで話題のイーロン・マスク氏。彼が二〇二二年五月七日のツイートで、こんなことを言って話題になった。

「出生率が死亡率を超えるために何かを変えない限り、日本はいずれ存在しなくなる。これは世界にとって大きな損失になるだろう」

総務省の発表によれば、二〇二一年の日本の人口は六十四万四千人減の一億二千五百五十万人、減少は一九五〇年以降で最大であるという。その原因として一つには新型コロナによる出産の減少（あるいは中絶の増大）が考えられている。

このマスク氏の発言を受け、ツイッター内では、いやいや東アジアでは日本はまだいいほうだ。中国、韓国、香港、台湾などを見よ、というわけで一覧できる図を示した人がいる。それによると、日本の出生率は一・四一（これは二〇二一年の値。日本は二〇〇五年の一・二六を最低として、その後、一・三〜一・四あたりを推移している）。

・韓国……………一・一七（現在、〇・七八）
・北朝鮮…………一・九七
・台湾……………一・一二
・香港……………一・二三

中国は地域によって様々だが、大都市だけを見ると、

・北京……〇・七一

・天津……〇・九一

・上海……〇・七三

といったありさまで、軒並み一・〇を切る。日本では東京ですら一・〇を切っていないので、これらの都市における少子高齢化は日本の比ではないだろう。

では、日本はまだましだということで少しは安心していいか、というとそうではない。日本の少子化はこれらの国よりずっと早くから始まっているからだ。

そして、こういう統計に対し、必ず現れるのが、あと何十年かすると日本の人口は半減するとか、マスク氏の言うように「日本人はいなくなり、日本国が消滅する」という推論である。

私には言いたいことが山ほどあるのだが、今回は一つに絞ろう。

こういう考えは、出生率が常に一定であり、その出生率を保ったままで行くと、こうなりますよ、という推定である。ところが、出生率がずっと一定であるとは考えにくいのだ。

たとえば、身近にいる人を観察してみてほしい。

子をよく産み、しかも結婚年齢が早く、十代でもう第一子が生まれ、三十代、四十代で孫がいるという家系。そうかと思えば、子はあまり産まず、結婚も男は三十代、女も三十前後になってからで、孫の顔を見るのが六十代という家系。

実を言えば前者は「r戦略」という、質より数の戦略で、本来は不安定な条件下で効力を発揮する。たとえば食料が安定的に供給されない、伝染病が流行っている、捕食者が多いなどだ。つまり、子を産んでも死ぬことが多いので、死ぬことを見越して多めに産むというわけだ。人間では低収入の場合がその条件に当たる。それに、しっかり世話するとか、しつける、あるいは高い教育を施《ほどこ》したとしても、死んでしまっては意味がないので、そういうことには力を入れず、割とほったらかしである。

後者は「K戦略」という、数より質の戦略で、本来安定した条件下で効力を発揮する。食料が安定して供給される、伝染病が流行していない、捕食者が少ない、などだ。

人間では高収入の場合に適している。子は産めば、まず間違いなく育つ。だから多めに産む必要はないというわけだ。また、子を厳しくしつける、高い教育を受けさせることにも意味がある。子が死ぬ心配は少なく、ちゃんと育つので、それらの投資の結果、身につけた社会的・経済的地位などが繁殖の際に有利になって報われるからだ。

さて、ここで問題となるのは、日本などの先進国では高水準の医療の恩恵に誰でもあずかれるということ。つまり、子は死ぬことを前提に多めに産んでいるr戦略者たちも、医療のおかげで子の命が助かる。その結果、世代を経れば経るほど、r戦略者の勢力が増していく。

つまり出生率は、次第に高くなるほうへと変化するはずなのである(ただし人の様相は変わる)。

実はこの理屈を考えたのが一九九〇年代で、少子化が問題になり始めた頃だ。日高研究室の同僚もまったく同じ考えを示していたが、動物行動学的に類推すると必ずこういう結論になる。あれから三十年近く経ち、そろそろ日本におけるr戦略者の勢力が幅を効かせ始めてもいい頃なのだが、どうなんだろう?

期待のマイルドヤンキーでさえも子を産むことを控えている

月刊『W:iLL』二〇二三年三月号で、東京大学の赤川学先生と対談した(題名は〈異

次元の少子化対策　キメテは性交二日前の〝ダム放出《オナニー》〟〉。嬉しいことに先生は一九九〇年代から私の本を読んでくださっていて、付箋《ふせん》だらけの私の著書を持参されていた。

対談のテーマは「少子化」である。この大テーマに社会学と動物行動学の両方からアプローチしようというわけである。

少子化、少子化と叫ばれて久しいが、少なくとも一九九〇年代にこの問題を考えたとき、それは心配しなくてもいいと、私は結論した。なぜなら少子化という状況にありながら、しかも収入もあまり多くないにもかかわらず、二人、三人、四人と子を産む人々がいる（本格的なヤンキーとは一線を画す、マイルドヤンキー）。

それらの人々がこれから勢力を伸ばし、彼らにとってのもう一～二世代後、つまり二十～三十年後には、大勢は徐々に逆転するはずだというものだ。

なぜ、こんなふうに考えるのかというと、生物の歴史は常にこの繰り返しだったからである。

話は随分飛ぶようだが、何十年か前に沖縄のサンゴが壊滅的な被害を受けたことがある。共生する植物プランクトンが出て行き、サンゴの骨格が白くすけて見える、白化現象が起きたのだ。新聞などの論調はここまでの大被害であれば、回復には数十年かかるというものだった。

しかし、あの時、私は考えた。壊滅的被害と言うけれど、まったくのゼロとなったわけではない。難しい状況のなかで生き残っているサンゴが必ず存在する。それらが今後成長してゆけば、絶滅したはずのサンゴは驚くほど早くもと通り回復するのではないだろうか？

予想は当たった。わずか数年で沖縄のサンゴは復活したのである。生物は自分の遺伝子を残すことが最大のテーマであるし、自己複製することこそが生物の定義だ。わずかに生き残ったサンゴが空いたニッチ（生態的地位）に進出するのは理《り》の当然なのである。

ところが、出生率のほうはと言えば、現在のところほとんど回復していない。これはマイルドヤンキーたちの活躍がまだ表に現れるには十分な時間が経っていないということなのか、それとも、もっと別に理由があるのだろうか？

この点が対談の一つの山場となった。

ここでおさらいになるが、生物の繁殖戦略として「r戦略」と「K戦略」というものがある。

r戦略は、質より数の戦略。食料が不足する、伝染病が蔓延している、捕食者が多いなど、不安定な条件下で効力を発揮する。そのような条件下では、子は死ぬことを前提に多めに産んでおくべきである。また、それぞれの子に投資したとしても死んでしまうと意味がないので、そのようなことはあまりしない。

ｒ戦略の例としては魚や昆虫がある。例外的に子の世話をする魚や昆虫もいるが、ほとんどは非常に多数の子を産み、産みっぱなし、ほったらかしである。

Ｋ戦略は数より質の戦略。食料が安定して供給される、伝染病が蔓延していない、捕食者の脅威も少ないなど、安定した条件下で効力を発揮する。そういう条件下では子はかなり確実に育つので、余計に産む必要がないし、子に投資をすることにも意味がある。

Ｋ戦略の代表は哺乳類だ。魚や昆虫のようにむやみに子を産まないし、母親が子にお乳を与えるという大投資をする。

そういう意味で人間はＫ戦略の最たるものだが、その人間でも、時代、地域、文化、社会階層などによって、ｒに傾いたり、Ｋに傾いたりする。

アフリカの赤道付近の国は軒並み出生率が高いが（ｒ戦略）、それは常に伝染病が流行している地帯であり、医療も充実していない、経済的にも豊かではない、子は死ぬのが当たり前だからだ。

欧米、日本など東アジア、オーストラリア、ニュージーランドなどでは出生率が低い（K戦略）が、それは伝染病の脅威が少なく、医療も発達していて、経済的にも豊かだからである。

ちなみに人間の場合の投資は、教育・教養を身に付けさせる、質のいい生活を体験させることなども含まれる。

もともとK戦略だった日本、欧米などの先進国において近年さらに出生率が下がってきているのは、おそらく生活がますます豊かになったと感ずることで、人々がK戦略にこれまで以上にこだわっているためだろう（日本などはこの三十年ほど賃金が上がらないわけだが、生活自体は便利で豊かになっている）。

そして対談で知ったのは、生活が便利で豊かになってきているせいで、期待の星であるマイルドヤンキーでさえも子をあまり産まなくなっていることだ。

さらにアフリカからヨーロッパへ移民した人々も、第一世代くらいは故郷にいたときと同じくらいの子の産み方をするが、すぐに環境の変化（生活が便利で豊かになり、伝染病の脅威が少ない、医療が発達しているなど）に適応し、子を産みにくくなること。

アフリカの出生率の超高い地域でさえも、生活が便利で豊かになったため、人々がK

戦略に切り替えてきているということだ。

赤川先生によれば、やがて地球全体で出生率は二・〇を割る時が来る。そうして地球から人間がいなくなる日もあり得るという。

そんなバカな！　人間も生物である。自身の遺伝子のコピーを次の世代にいかに残すのかが最大の課題であり、それは生物の定義にもかかわることだ。沖縄のサンゴと同様、絶滅したと見えながら復活してくる連中がいると信じたい。

売国政治家を一掃するだけで少子化対策の道は開ける

少子化対策についてはこれまで散々検討されてきているはずだが、出生数の減少は留まるところを知らない（昨年は八十万人を割り、一八九九年の統計開始以来、過去最低）。出生率（合計特殊出生率。女が生涯に産む子の数）は二〇〇五年に一・二六を記録し、これもまた最低の記録となったが、以後、少し盛り返した。しかしそれもつかの間、再び減少傾向へと転じ、二〇二二年は一・三〇だ。人口を維持するのに必要な出生率、二・〇八には遠く及ばない。ちなみに人口を維持するための出生率が二・〇ではなく、二・

〇八であるのは、繁殖する年齢に達する前に亡くなるケースもあるからである。

このようなことから少子化対策はもはや待ったなしの状況で、早急によほど有効な対策を講じなくては日本国の消滅にもつながりかねない。取り返しがつかない状況となるか否かの分水嶺は二〇三〇年で、これからの三年間が勝負とされる。

そのようなわけで、まさしく「次元の異なる少子化対策」を講じるための会議が開かれた。二〇二三年一月に岸田首相からの指示で開催されたその会議では、専門家だけでなく、子育ての当事者にも聞き取り調査が行われ、議論された。三月三十一日に発表された、その結果報告が「こども子育て政策の強化について（試案）～次元の異なる少子化対策の実現に向けて」である。試案というからには叩き台にしていいということである。

その内容を見ていく前に、なぜ、こんなにも日本は少子化傾向にあるのかということを考えてみたい。

そもそも人間は生活や環境が安定し、医療が充実してくると量より質の戦略、つまり、K戦略に転換する。

子が死ぬことがまずなく、ほぼ確実に育つ。だから、多めに産んでおく必要がない。そして一人ひとりの子に高等教育を施《ほどこ》すとか、学習塾に行かせる、習い事をさせる、いろいろなところへ連れて行って社会体験をさせる、教養を身につけさせるなど、投資をすることで子の価値を高める。そうして高所得の職業に就かせるとか、繁殖において有利な立場に立たせるなどするのだ。

思えばバブル期の日本は、日本史上最高といっていいくらいにK戦略が隆盛を極めた時代ではなかっただろうか。金の余った庶民が子にどんどん投資していた。

ところがバブルは崩壊し、経済が停滞、失われた三十年と呼ばれる時代となってしまった。それでも人々は一度味わったK戦略を忘れられず、子には最大限の投資をしたいと願ってしまう。しかし収入が追いつかない。

よって結婚する気にならず、結婚しても子を持たない、あるいは本当はもっと子が欲しいところだが、泣く泣く諦めるという状態になっているのではないだろうか。

実際、初めて戦後最低の出生率を記録し、〝一・五七ショック〟と言われたのが、一九九〇年。バブル崩壊の年だ。

さらに内閣府の調査によると、「理想の子どもの数を持てない理由」という問いに、すべての世代があげる最大の理由が「子育てや教育にお金がかかりすぎるから」である。

となると、人々に、そもそも結婚し、子を大いに産む気になってもらうには、経済を立て直す、所得をどんと増やす、税を軽くするといった経済的豊かさを取り戻すこと以外に方法はないのではないかという気がしてくる。一度経験したK戦略の極みから、貧しさに適応したr戦略（質より量の戦略で、多くの子を産み、それぞれに対する投資も少ない）に切り替えることは困難だからでもある。

そのような観点で少子化対策の報告書を読んでみると、なんと現実から乖離《かいり》した、空虚な提案であることかと感じてしまう。

真っ先に登場するのは確かに本丸である「若い世代の所得を増やす」である。

ところが、そのための策として示されるのは、非正規雇用の正規化、L字カーブの解消である。L字カーブとは、女性の年齢別正規雇用の割合が、二十五～二十九歳にピークがあり、以後低下していく状況を示すもので（このカーブがL字型になる）、結婚しても正規雇用を続ける女性と非正規雇用（パート）となる女性に分かれる結果、起こる現象である。これをなくそうというのだ。

具体的には、働く者の能力向上支援、日本型職務給の確立、成長分野への労働力の移動を勧めるという「三位一体の労働市場改革」を加速させるという。労働市場を改革すると言われても、はたして、それがどれほど所得を増やすことにつながるだろうか？

今あげた例のほかにも、週二十時間未満の労働者に対する雇用保険の適用拡大だとか、いわゆる百六万円、百三十万円の壁（パート収入がそれを超えると、配偶者の社会保険の扶養者の条件から外れ、給与の手取りが減る現象）を意識せずに働けるようにするとか、とにかく政策が細かくてみみっちいのである。もっと根本的に日本の経済を立て直す方針を打ち出したらどうなのか！

これに続くのが、「社会全体の構造・意識を変える」という項目である。

子育てはどうしても女の肩にのしかかる。いわゆるワンオペの実態を回避すべく、夫婦で協力し、子育てを行う、職場が応援する、地域社会で支援する、男も産休を取りやすくする、企業が出産・子育ての支援は投資であると考えるようにする、など。

そのような社会の変革はあるに越したことはない。しかし、はたしてこれが子を産もうという大きな動機になるのかというと、はなはだ疑問である。

「子育て世帯への切れ目ない支援」も項目として挙げられている。児童手当、出産時の経済的負担、医療費の負担、高等教育費の軽減、住宅支援などである。

ここで気になるのは、支援、支援と言いながら、それが実際に行われるのが、子を産んでから、あるいは子ができてからに限定されていること。少子化対策で一番肝心な、結婚しようかどうか、子を持とうかどうか迷っている時点ではないことだ。

これらの時点で若者をどんと後押しする政策がなければ、その後にどんなによい対策が用意されていても、あまり意味をなさないはずである。

実は、出生率が二〇二二年に〇・七八となり、一・〇を下回ったのが二〇〇〇年代半ばという、日本よりもはるかに深刻な状況の韓国は、二十年近く前から少子化対策に取り組んでいる。ところが、その内容は今回の日本の報告書と似たりよったりで、結局、少子化対策は失敗に終わったとされている。

日本も韓国も、少子化の根本にあるのは経済の停滞である。大胆な、誰もがあっと驚く方策によって経済を活性化する。残された道はそれよりほかにないはずなのだ。たとえば売国政治家を一掃し、国益を守ることだけでも十分道は開けるだろう。

子につらい思いをさせて繁殖に成功する〝毒親〟

〝毒親〟が話題になったことがある。

漫画家の西原理恵子さんの娘さんが、自身のブログで母親の毒親ぶりを告発したことに端を発した。西原さんは『毎日かあさん』という育児漫画・エッセイを発表しており、そこでネタにされてきた娘さんが、実情を訴えたということらしい。

そのブログは騒動になるや、すぐさま閉鎖されたので内容を見ることはできないが、ともかく、子をネタにすることの是非を問う議論にまで発展したのだという。

私はこういう議論に対し、何か意見を言うつもりはない。

それよりも〝毒親〟がいるのは当然。それどころか、それは繁殖戦略の一環ではないかと考えるくらいなのである。

毒親とは、一九八九年、アメリカの精神医学者、スーザン・フォワードが著した『毒になる親（Toxic Parents）』（毎日新聞出版）というタイトルの本に由来する言葉だ。

一言でいえば、親であることの権威を振りかざし、子を過剰に支配しようとする親だ。父親、母親どちらもあり得る。

典型的なセリフとしては、

「親に逆らうことは許さない。逆らうなら勘当だ」

「いったい誰に養ってもらっていると思っているのだ」

「嫌ならこの家から出ていけ」

自分ができもしないのに高度な能力（スポーツの能力とか学校での成績など）を期待する。独自の家庭内ルールをつくり、押し付ける（それは子どもからすれば、矛盾し、納得のいかないものであったりする）。子の容姿や頭の悪さ、スポーツの能力などをけなし、子の犯したミスをいつまでも責め続ける。就職も本人の希望を無視し、世間体を優先させる。「こんな小さな会社はだめだ。もっと名の知れた会社にしなさい」などと。当然というべきか、結婚相手にも難癖《なんくせ》をつけ、「つり合わない。もっといい相手がいるだろう」。そして、親に恩返しをすることを強要する。

ここまで書いてきて私は動悸《どうき》が激しくなり、胸が苦しくなってしまった。なぜなら、それは私の母親そのものだからだ。詳しくは『ウソばっかり！ 人間と遺伝子の本当の話』（ワニブックス）と、その増補改訂版『世の中、ウソばっかり！』（ＰＨＰ文庫）に詳述しているので、ぜひ読んでいただきたい。

ともかく、こういう親がいると子としては、どんな心理を抱くことになるだろう。こんな親からは早く解放されたい、家から早く出たいということではないだろうか。

私が育った家は名古屋市の東部、八事《やごと》というエリアにあり、名古屋大学まで歩いて通える距離だった。実際、名大生が近所の下宿や学生アパートに多数住んでいた。ところが私を含めた四キョウダイ（私には三人の兄がいる）は、誰一人として名古屋大学に進学しなかった。それは皆、一刻も早く家を出たかったからではないかと思う。少なくとも私はそうだった。

ともかく普通よりも早い時期に家を出るとどうなるのか。ここは男よりも女において、その結果が現れやすいだろう。

というのも、女が家を出るということは、早晩パートナーを見つけるということを意味する。男の場合は女と違い、モテる・モテないの差が大きいので、パートナーが見つかるかどうかがなかなか確定しないが、女は選《え》り好みさえしなければ相手はたやすく見つかるからだ。

それに身の安全のためもあって、一人暮らしよりはパートナーとの同居を選ぶだろう（セキュリティの確かなマンションのような住まいは、人類の歴史においてはごく最近登場した。だから人間の進化においては考えにいれなくていい）。

そうなると次に必然的に何が起こるかというと妊娠である。避妊法が確立したのも、つい最近だからだ。

つまり、毒親なる者は娘を年若いうちに追放し、早々と子を産ませる戦略者といえる。

その結果、娘が生涯に産む子の数が多くなるし、繁殖のサイクルも短くなる。こうして毒親に関係する遺伝子は極めて有利に次世代に受け継がれることになる。見事な繁殖戦略なのである（もちろん本人はそんなことを意識していない）。

このように考えると、毒親戦略は娘に対してこそ有効だ。だから毒親は息子よりも娘に、より毒親ぶりを発揮するはずだと予想できる。

これはぜひ誰かに研究してほしいところだが、今回、西原理恵子さんを娘さんが告発したこと、芸能界で毒親に育てられたと告白しているのが、小柳ルミ子さん、小島慶子さん、杉本彩さんなどであることを照らし合わせると、やはり、そういう傾向があるのではないかと思われる。

虐待事件で「母親はいったい何をしていた」と言うけれど

「またしても」という事件を耳にした。

二〇二二年八月九日配信の『京都新聞ニュース』によると、滋賀県東近江市に住む三十九歳の男に継子（母親の連れ子）を虐待したとして、六月九日、懲役二年六カ月の実刑判決が下されたが、それに先立つ二月三日に行われた証人尋問で長男（旧歳）がした証言は、次のようなものであったという（証人尋問は義父のいる法定とは別室で行われ、法廷とは音声と映像でつながれた）。

二〇二〇年六月、男は長男を床に投げ飛ばし、右肩に全治約六週間のケガを負わせた。しかし、自分といっしょに暮らしたければこう言えと強要された長男は、「お風呂洗いをしていて泡で滑ってこけた」と医者には言ったものの、実際にはそうではないことを証言。「お父さんには長く牢屋にいてほしい」とも言った。

このほかに数限りなく虐待されており、二〇二一年五月には足首をつかまれて繰り返し浴槽に沈められている。同じ時期に二歳上の長女（母親の連れ子）も後頭部付近を数回足で踏みつけられて床に転倒させられ、全治約二週間のケガを負わせられている。

このような事件が起きるとまず追及されるのが、母親はいったい何をしていたのかということだ。実際、このニュースのコメント欄にはそのような声が多かった。

私が言いたいのは、この母親がわが子に対する暴力を止めようとしたら、これまで以上にひどい暴力がわが子に向かうだろうということ。それは自分にも向かってくる。そして、そもそもこれまで自分が振るわれた暴力によって思考が停止し、無気力になっており、何もできない状態にある可能性もある。

さらに私が想像したのは、この男が無職に近い状態にあり、経済的に極めて逼迫《ひっぱく》した状態にあったのではないだろうかということだ。

調べてみると彼はアルバイト店員であるという。さらに子どもはほかに三人もおり、計五人だ。はたして、どこまでが実子なのかは調べがつかなかったが、アルバイトで五人はきつかろう。

こうしてみると、彼を擁護するわけではないが、人間の本性として暴力が発動してしまっても不思議はないような条件がそろっている。

実は哺乳類のメスが乳飲み子を抱えているときに、新しいオスと出会ったなら、その子は殺されるのが常識である。なぜなら哺乳類のメスは授乳している限り、発情もせず排卵も起こらず、妊娠しないからだ。

たとえば、ゴリラは一頭のリーダーのオスと数頭のメス、その子どもたちからなるハレムで暮らしている。ハレムは時に若いオスに乗っ取られ、彼が新しいリーダーとなるが、真っ先に起こるのが子殺しだ。子を殺すことで乳を吸っている者がいなくなれば、メスは数日か、遅くとも二週間以内に発情と排卵を再開する。ともかく、そうしてなるべく早く自分の子を残そうとするのである。

ここで、そんな可哀そうなことはできない、自分はメスが授乳を終わって発情を再開するまで待っているという心優しいオスがいたとしよう。ゴリラなら四年くらい授乳するので、最大で四年間も待つことになる。

そうすると最悪、自分の子を一頭も残すことなく次のオスにリーダーの座を明けわたすことになるかもしれない。

結局、心優しいオスは、ハレムを乗っ取ったら即座に乳飲み子を殺すという非情な連中との遺伝子競争に敗れ、そのような心優しい遺伝的性質は残ってこなかったのである。

そんな中、人間は哺乳類の中でも画期的なことに、女が授乳中であっても男を受け入れられる（発情している）という摩訶《まか》不思議な性質を獲得した。

しかし排卵のほうは起きないので子はできないのだが、男は交尾さえできれば満足し、子を殺したりはしない。

この点が素晴らしいのである。

とはいえ他人の子ではなく、自分の子をできるだけ多く残したいと考えるのは動物として当然のこと。動物は〝自分の遺伝子をいかに残すか〟の論理のもとに行動するからである。

よって継子をわが子と同じようにかわいがるなどということは本来、不可能なのだ。ただし、経済的に恵まれているときには世間の評判を気にするし、パートナーである女の機嫌を損ねないよう、ある程度は自身をコントロールすることができる。しかし経済的にかつかつという状態なら、継子を選ぶか、わが子を選ぶか、の選択を迫られ、わが子を選んでしまうことになるのだ。

母親にしても、そのような極限状態においては元の男ではなく、新しい男との繁殖を重視せざるを得ないのである。

幸いなことに人間は〝どういう状態で虐待が起こりやすいか〟を推測することができる。それによって悲惨な事件を未然に防ぐことができるだろう。虐待防止についてはアメリカやカナダが先進国で、それは進化生物学、進化心理学の分野で虐待についての研究を一九八〇年代から続けてきた、マーチン・デイリーとマーゴ・ウィルソンの尽力によるところが大きく、かの地では、わが子に対し、ちょっと声を荒げた程度で通報されるくらいである。それでも通報されることで救われる命があるのなら、間違いを恐れずに通報するべきなのだ。

なぜ遺伝子を半分に減らしてまで有性生殖をするのだろう？

愛知県に住む森下泰成君という小学六年生が、トゲナナフシを飼育していたら、滅多に見つからないオスが現れたというニュースが報じられ、ちょっとした話題になった。

森下君は五年前の小学一年生のとき、三重県で行われた昆虫キャンプに参加。その際、入手したトゲナナフシを飼育し続け、二〇二二年一月に七世代目にあたる百匹以上をふ化させた。

そのうちの一匹があまり大きくならないのでオスではないかと思い、メスといっしょにしたら交尾した。よって、オスとわかったという。メスは体長七センチくらいなのに対し、オスは四センチくらい。卵を産む都合上、昆虫はメスがオスよりも大きい傾向がある。

このようにオスとメスとで生殖することもできる生物が、メスだけで（あるいは、どちらの性であっても一方の性だけで）生殖する場合を「単為生殖」という。つくられるのはクローンだ。

このように単為生殖は有性生殖の一部であり、無性生殖とは違う。無性生殖は、もともと性のない単細胞生物などが分裂によって増える場合を言う。この場合ももちろんクローンだ。

その単為生殖だが、有性生殖の生物が条件次第で使い分けをしている点が興味深い。一番よくわかる例がミジンコだ。

ミジンコは良い条件下ではメスだけで単為生殖をする。栄養が豊富だとか、病原体が少ないという良い条件下ではどんどん増殖すべきだから、コストのあまりかからない単為生殖をする。

そして個体数が多くなりすぎて密度が上がるとか、何らかの環境が悪化してきたとき、あるいは悪化すると予想されるときにはオスを産み、有性生殖をして休眠卵を産む。休眠卵はふ化できる環境を待つための状態であり、耐久卵とも言う。

このようにミジンコは単為生殖か、有性生殖かを時間的に切り替えるわけだが、自分のいる場所と近いか、遠いか、で切り替える生物もある。イチゴ、イモ、キノコの中には自分の近くへは地下茎、むかごなど、クローンによって子孫を拡散するが、遠くへは胞子、種子によって有性的に拡散する。

それは自分が今いる場所は良い条件であることがわかっているが、遠くはどんな場所かわからない。よってどんな場所でもいいように、子孫の遺伝子にバリエーションをつけ、保険をかけているのである。

ミジンコが条件の悪化によって有性生殖をするのも、条件に対応できるよう子に遺伝的なバリエーションをつけるためなのである。

ともかく、そんなわけで小学生の森下君が、単為生殖するはずのトゲナナフシを五年飼育していたら、オスが現れたという事実。それは、個体数が増えて密度が増したとか、何らかの環境の変化によって有性生殖して子孫にバリエーションをつけなければと、トゲナナフシが感知したからではないかと、私は考え、ツイッターに載せた次第だ。

我々は有性生殖の動物だが、ミジンコのようにときどき単為生殖するわけではない。かのマリアがイエスを身ごもったのは処女懐胎《かいたい》であり、単為生殖だ、さあ、大変と騒がれるが、実際は「若い女」を「処女」と訳し間違えたことに発端があるとのことだ。

そうするとなぜ我々は、コストをかけず、どんどん増える単為生殖をせず、繁殖のためのコストがかかり、しかも遺伝的には自分の遺伝子を半分にしてまで相手との遺伝子の組み合わせを重視する有性生殖を選択するのか、ということになる。

結論から言えば、それは、たとえ自分の遺伝子を半分に減らしたとしても、相手の遺伝子を半分取り込み、子孫に遺伝的バリエーションをつける。そのほうが長い目で見れば、得。自分の遺伝子のコピーがよく残るからである。

バリエーションをつけておかないと、何らかの伝染病がはやったときに、全滅ということもあり得るが、バリエーションをつけておけば、少なくとも全滅を防ぎ、誰かが生き残ることができるのである。

逆に言うなら、人間は（実は哺乳類全体がそうなのだが）常に有性生殖をしていなければならないほど、環境の変化や病原体の脅威にさらされているのかもしれないのだ。

哺乳類も単為生殖ができたらいいのに

長崎県佐世保市の九十九島《くじゅうくしま》動植物園「森きらら」は、二〇二三年一月三十日、同園のシロテテナガザルのモモが産んだ子の父親は、隣接する檻のアジルテナガザル、イトウであることを発表した。

モモは単独で飼育されていたが、二〇二一年二月に出産した。哺乳類ではメスがオスなしで繁殖することはあり得ない。そこで何らかの隙にオスと交尾してしまったのだろうと考えられた。

父親の可能性のある四頭は体毛と大便が採取され、霊長類の研究で名高い京都大学にDNA鑑定を依頼、父親判明となったのである。

モモとイトウは午前と午後に分けてそれぞれ展示場に入れられていたが、展示場とバックヤードの間は直径九ミリ（センチではない）の穴があいたパンチングボードで仕切られている。この穴を利用して交尾したとしか考えられないのである。

動物たるもの「繁殖」は「生存」と並ぶ二大テーマ。そのためには、これほどまでに執念を燃やすという次第だ。

ちなみに、厳密に言えばテナガザルは「サル」ではない。チンパンジー、ゴリラ、オランウータンと同じ類人猿であり、これらトリオが〝大型類人猿〟と呼ばれるのに対し、〝小型類人猿〟と呼ばれる。多くは東南アジアにすんでいる。類人猿は英語でApe、サルはMonkeyである。

ともあれ、哺乳類は、単為生殖はできない。単為生殖とは、有性生殖をする動物が性を介さずに繁殖する場合を言う。なぜ、単為生殖をすることができないかというと、哺乳類の遺伝子にはゲノムインプリンティングといって、父親由来か、母親由来か、というラベリングがあり、どちら由来の遺伝子が発現するのかの調節がなされている。

仮に、一方の性のみから新しい個体が現れたとすると、そのラベリングによって発現しない遺伝子があるため、動物として機能しないことになるのだ。そのような事情がある哺乳類を尻目に、単為生殖は哺乳類以外だと珍しくなくなる。

最も話題になったのは二〇〇六年、イギリスの二つの動物園で同時期に単為生殖したコモドドラゴン(コモドオオトカゲ)のメス。コモドドラゴンは体長が二・六メートルにも及び、世界最大のトカゲだ。

チェスター動物園のフローラは、生涯オスと接触したことのない箱入り娘。ロンドン動物園のスンガイも二年以上オスと接触していない。どちらも産んだのはオスばかりだが、シロテテナガザルのモモのようにこっそりとオスが介入したわけではないことは、DNA鑑定によって確かめられている。コモドドラゴンの単為生殖については、以下のように説明されている。

性染色体はオスでZZ、メスでZWという状態である。我々哺乳類では性染色体はオスでXY、メスでXXだが、トカゲやヘビの場合は多くは鳥と同じだ。つまり、オスが同じ種類の染色体を二つ持ち、メスが違う種類を一つずつ持っている。

そうすると、メスからはZ卵とW卵がつくられ、普通の生殖ではそれぞれオスの精子（Z精子しかない）によって受精し、性染色体がZZであるオスか、ZWであるメスとなる。

しかし単為生殖の場合には、性染色体がZZかWWしかあり得ない（なぜなら、Z卵由来か、W卵由来かのどちらかなので）。このときWWだと死んでしまい、ZZのほうしか生き残らない。だから、コモドドラゴンのメスが単為生殖で産んだ子はすべてオスなのである。

コモドドラゴンはインドネシアの限られた島々にしかすんでいない。このように生息地が限定されることによってメスの単為生殖が進化してきたのかもしれない。オスばかり生まれることの意義については『Allabout』（二〇〇六年十二月二十三日）の「コモドオオトカゲの単為生殖」と題する星野一三雄氏の記事で、こう推測されている。

オスのいない島でメスは単為生殖によってオスの子どものみを産む。その子が成長したのちには異性として交尾し、子孫を増やしていく——。

ただ、このような方法であると、子孫に遺伝的バリエーションをつけられないので伝染病対策などにはならず、先細りとなる。あくまで一時的な対策なのだ。

日本人が世界一子どもをかわいがるワケ

日本人は世界一子どもをかわいがる人々だと言われる。

この話の出所は十九世紀に世界各地を旅し、一八七八年からは日本各地を回ったイギリス人女性の旅行家、イザベラ・バードの『日本奥地紀行』の記述にある。

「私は、これほど自分の子どもをかわいがる人々を見たことがない。子どもを抱いたり、背負ったり、歩くときには手をとり、子どもの遊戯をじっと見ていたり、参加したり、いつも新しい玩具をくれてやり、遠足や祭りに連れて行き、子どもがいないといつもつまらなそうである」(高橋健吉訳/平凡社東洋文庫)

かわいがることは、子どもを健康に保ち(たとえば、なでるだけでも免疫力をあげ、成長を促すことになる)、見張っていることで、事故で命を落とさぬよう育てることを意味する。

そのうえ常に新しい玩具を与えるということは、子の脳の発達の手助けを惜しまないことであるし、遠足や祭りに連れて行くのは、子どもに文化的体験を積ませることだ。

いずれも子どもに多くの投資をしながら育てるという意味だ。

そう考えると日本人とは、世界一子どもをかわいがる優しい心の持ち主だ、素敵ですね、と解釈するよりも、子に大量の投資をする人々、しかもそれらの投資が報われるからこそ、そうしているのだと解釈すべきだということがわかる。

ここで九五頁以降で、説明したｒＫ戦略の登場となる。

ｒは不安定な条件下で効力を発揮する戦略。

子どもは死ぬことを前提に多めに産む。しかも一人ひとりの子どもにせっかく投資をしても、死んでしまえば報われないのであまり投資をしない。かわいがるとか、知的体験をさせる、高い教育を受けさせることなどは控える。

片やＫ戦略は安定した条件下で効力を発揮する。

子はたいてい育つので多めには産まない。そして一人ひとりの子をかわいがり、知的体験をさせる、高い教育を受けさせることなどに意味がある。

カナダ、ウェスタン・オンタリオ大学のＪ・Ｐ・ラッシュトンの研究によれば、三大人種中、もっともｒ戦略的なのがニグロイド、最もＫ戦略的なのがモンゴロイド。中間なのがコーカソイドであることがわかっている。それは過去に受けた淘汰《とうた》の歴史によるのだが、ともかく、我々モンゴロイドが一番K戦略的であり、子どもを「かわいがる」ということになる。

イザベラ・バードは日本を巡ったあとに中国や朝鮮を旅しており、その体験を踏まえても依然として日本人が世界一子どもをかわいがると考えたかどうかは不明だ。ただ私の印象からすると、それでも日本人は世界一だと思う。日頃の観察からそうであるし、YouTubeなどを通して見られる子ども（あるいはペット）の動画がよほど長時間観察し、カメラを回していないと撮れないような映像がだんとつに日本人に多いと思うからである。

ここまでは主に母親による子どものかわいがり方だったが、父親の子どものかわいがり方については、こういう研究がある。

対象はコーカソイドだが、本人の睾丸《こうがん》の大きさとイクメン度との間に相関があるというのである。睾丸が小さいと子どもの世話をよくし、大きいとあまりしない傾向にあるのだ。子どもの世話とは、お風呂に入れるとか、予防注射に連れて行くといったことで、各被験者はいくつものこうした質問に対し、数段階で答える。それらを合計し、平均したものをイクメン度とする。

睾丸の大きさについては、MRIで左右の大きさを測り、平均する。研究したのは米エモリー大学のジェニファー・マスカロらで、ジェニファーという名からわかるように女性である。ちなみに、私がこのような睾丸についての研究を紹介したり、睾丸の大きさをもとに何らかの議論をしたりすると、それを口実にバカにされることがある。睾丸を扱うとは学問ではない、睾丸を扱う竹内は偽学者である……。

ちなみに睾丸とは精子をつくり、男性ホルモンの代表格であるテストステロンを主につくる場所。男としての機能や魅力にかかわる最重要拠点だ。

最近ではレイプについての動物行動学的研究を紹介し、持論を述べただけで、こんな人は保守とは呼べないとまで言われた。レイプとはひたすら女が犠牲者であり、非難されるべきは男だということらしい。しかし動物行動学を学ぶと、こと繁殖戦略に関しては、あらゆる点で女のほうが男よりも優っている。その理由は女のほうが一回の繁殖にかける時間とエネルギーが男よりもはるかに大きいからなのだが、ともかくレイプだけで完全に男に負けているとは考えられないのである。

こういう攻撃の仕方をする輩は初めに批判ありきで、いくら説得しても無駄だと思うので放置しているが、学問を妨害する勢力として厄介《やっかい》だ。

閑話休題。

同じコーカソイドの中でも睾丸が大きい男はあまり子をかわいがらない傾向にあり、小さい男は子をかわいがる傾向にある。

それは前者は睾丸が大きいために精子を大量につくるし、テストステロンのレベルも高いので魅力的。よって、精子競争に向いている。精子競争とは一人の女の卵（卵子）の受精を巡って複数の男の精子が争うことだ。女が浮気したときなどに起こり得る。つまり、前者の男は、家庭内よりも家庭外で活躍する傾向にあるから、わが子にかかわる時間が少ないのだ。

後者の男は睾丸が小さく、精子もあまり多くはつくらず、テストステロンのレベルも低く、あまり魅力的ではないので家庭外では活躍しないタイプ。よって、わが子の世話に多くのエネルギーを注ぐことができるのである。

となれば、このようなことは睾丸の大きさに違いがある三大人種についても言えるはずで、最も睾丸サイズが小さい、我々モンゴロイドの男が最も子煩悩の傾向にあると言えるのである。

日本人は母親も父親も子煩悩。そうした丁寧な子育ての結果、優しい心などのほかに知能や学力までもが発達するのではないだろうか。

ネコに聞いてみたい――命と繁殖、どっちが大事?

私が大好きで見ているＹｏｕＴｕｂｅチャンネルの「もちまる日記」の登録者が二百万人を超えた。もちまるはスコッティシュホールドの立耳タイプのオスネコで、同品種同タイプのオスで世界的人気を誇る「まる」が登録者約八十六万人であるのに対し、こちらは日本中心でこの値。

もち様（飼い主はこう呼び、自分のことは「下僕」とさげすむ）の魅力は何といっても表情があまりにもストレートだということだ。怒っているとき、喜んでいるとき、どや顔のとき……わかりすぎるほどにわかる。

そんなもち様をなぜ話題にしたかというと、もち様と両親が同じで二年半ほど年下の弟、むぎ君（生後半年）の飼い主が二週間ほど帰省しなければならず、下僕さんが引き取ってお世話していたところ、むぎ君が発情してしまったからである。

発情したかどうかの判断は主に鳴き声による。そして飼い主とも相談して動物病院で去勢する（睾丸を切除する）ことになったというのが配信の内容。

そこで思い出したのは、オスにとって睾丸取りとは、まさしく命をとるか、繁殖をとるか、という問題であることだ。

ネコのオスの場合、去勢は初めての発情期を迎える生後半年くらいまでにすべきであり（そうでないと効果が薄れる）、それによって約三年、寿命を延ばすことができる。十二〜十八年といわれている寿命のうちの三年はとても大きい。

長年にわたり多頭飼いをしているネコ好きの方二人に長生きのネコの寿命を訪ねてみたら、どちらも十八年という答えが返ってきた。天寿を全うする場合がだいたいこれくらいの歳であるらしい。

なぜ、オスネコを去勢すると寿命を延ばせるのか。

それは、睾丸が男性ホルモンの代表格であるテストステロンをつくっている主な場所であり、テストステロンは確かにオスとしての魅力にかかわり、モテるためには最重要だが、同時に免疫力を抑制する。

つまり病気にかかりやすくなり、当然、寿命に影響を及ぼすからだ。睾丸を取れば飛躍的に長生きさせることが可能になるという次第。

しかし同時にそれは、繁殖は諦めなければならないことも意味する。飼い主側にとっては当然の選択であっても、ネコ本人としては不本意であるかもしれないだろうに。

ネコの場合には、さらに、去勢し、テストステロンレベルを低くすることで他のオスとケンカしにくくなり、ケンカによるケガを負いにくくなるという意味でも寿命が延びることになる。

ネコのメスも去勢、つまり卵巣と子宮を取り除くことがあるが、寿命はオスの場合ほどには延びない。寿命についてはテストステロンの悪影響をいかに取り除くかが一番の問題だからだろう。

さて、ここからは人間の話となるが、人間は女のほうが男よりも長生きの傾向がある（女がお産の際によく命を落としていた時代は別である）。

理由は大きく三つある。

第一の理由は、ネコと同じくテストステロンによる弊害だ。すでに述べたようにテストステロンには男としての魅力を増し、女にモテる効果がある一方で、免疫力を抑制し、病気にかかりやすくしてしまう。筋骨たくましく、いかにも強そうな男のほうが、むしろ伝染病などにはあっけなく罹《かか》ってしまう、というのは、こういう理由からだ。男っぽくてかっこいい人よりも、むしろ、なよなよ系や身長の低い男のほうが長寿の傾向があるように思われるのも、同じ理由からだろう。身長を伸ばすのもテストステロンの働きによる。

第二の理由は、性染色体のXに免疫についての重要な遺伝子がいくつかあるということ。性染色体は男でXY、女でXXという状態だ。

もしX上の免疫についての遺伝子に変異が起き、働きを失ったとしよう。女ならば大丈夫だ。もう一つのX上にある変異が起きていない遺伝子が働きを補ってくれる。ところが、男には働きを補ってくれるXがない。そこでX上の遺伝子に変異が起きたことの影響がストレートに出てしまうのである。免疫に関する遺伝子ならば、病気に対する抵抗力としてずばり影響が現れるだろう。

これが女のほうが男より長生きであることの第二の理由だ。

そして第三の理由は、女性ホルモンのエストロゲン（実際には女性ホルモン三種の総称）に、血管を柔らかくする作用があり、動脈硬化を防ぐこと。動脈硬化による心筋梗塞《こうそく》や脳卒中を防ぐことができるのだ。心筋梗塞や脳卒中は常に死因の上位を占め、これらをよく防ぐことができるなら、寿命にも大いに影響が出ることになるだろう。ところが、これは閉経するまでの話である。閉経後にエストロゲンレベルが下がってくると、男性との差が縮まってしまうのである。

結局、閉経後の女は、第三の理由については閉経するまでの遺産によって、そして第一と第二の理由によって、男よりも長い寿命を手に入れることができるのではないだろうか。

いまだ存在する古典的嫁いびり

このところちょくちょく見ているYouTubeチャンネルに、六十代未亡人が日常の出来事を、料理をする手もとを映しながら文字で語るというものがある。

この方、事実婚のご主人が亡くなり、残してくれたマンションで一人暮らし。ご主人には前妻との間に長男と長女がいるが、自身には子がない。

まずは、義理の長男がギャンブル依存症で散々振り回されたものの、最終的に更生施設に入ることができて一件落着した。現在問題となっているのは、他家に嫁《とつ》いだ義理の長女である。といっても彼女自身がトラブルメーカーなのではなく、被害者なのだ。

長女はかなりの片田舎で暮らし、姑《しゅうとめ》と同居。旦那は自分でものを考えることを放棄し、なんでも母親の言う通りにする。わからないことがあると母親に相談し、それに従う。いわゆるマザコン。そして、この姑が絵に描いたような古典的な〝鬼姑〟なのだ。

息子に過干渉なだけでなく、嫁にも過干渉。こき使うのは当然として、息子の収入だけでなく、嫁がパートで得たお金さえも自由にさせない。そのくせ外面《そとづら》はとてもよく、近所では「あんないいお姑さんで、あなた幸せよね」と言われるほどの評判を勝ち得ている。

あまりの古典的嫁いびりに本当の話だろうかと疑いたくなるが（そもそも次々とトラブルが起こり、話題に事欠かない。このチャンネル自体がやらせではないかと疑いたくなることもある）、せっかくなので古典的嫁いびりの意味を考えるための教材としてとらえることにしてみよう。

この女性は結婚して早々、姑によるあまりの仕打ちに離婚したいと思ったそうだ。ただ当時はまだ旦那が好きだったこと、自分がいなかったらこの人はどうやって生きていくのだろうかと考え、踏み留まったという。

その後、夫婦は子に恵まれないまま、彼女は婦人科の大病を患い、子が望めない状態となった。姑の嫁いびりは過去最高というレベルにまで達したが、夫が少しも守ってくれなかったことに絶望。離婚を決意した。ちなみに離婚を切り出した際の夫の第一声は「俺の老後はどうなるんだ」とのこと。やや特殊な事例なので、ここでは夫婦が不妊ではなく、離婚を思い留まった場合にどうなるかと考えてみることにしよう。遅かれ早かれ子どもが生まれることになるだろう。

では、孫ができたら姑はすっかりいいおばあちゃんとなり、嫁にも優しくなるかと思えばさにあらず。嫌がらせはエスカレートするばかり。ついに耐えられなくなり、嫁は子どもを連れて家を出る時が来ることになるかもしれない。

実はこれが姑の嫁いびりの本当の狙いではないかと思うのだ。

嫌がらせをするのは、かわいい息子を嫁に取られたことに対する嫉妬であるなどと解説されるかもしれないが、それは単に嫌がらせをすることの心理にすぎない。嫌がらせしたことによる結果を見なくてはならないのである。

嫁と子どもを追い出したあとどうするかと言えば、息子に新しい嫁を見つけ、また同じ手法によって子どもとセットで嫁を追い出す。

このようなことを繰り返せば、最小限の出費によって孫を効率よく繁殖させることができるのではないだろうか。つまり、こういう戦略は貧しい階層で効力を発揮してきたのだろうと思う。実際、くだんの彼女の婚家は貧しかった（そう考えるからこそ、私は強烈な嫁いびり姑とか、そうでなくとも人を陰湿にいじめる人を見ると、先祖代々貧しかったのだろうなあと思うことにしている）。

この戦略ではさらに、姑が鬼だと世間にばれてしまってはまずいのだ。次の嫁の来手《きて》がなくなってしまう。だから、このような姑は外面がよく、極めて愛想よく振る舞うのである。

ここまで述べてきたことは、あくまでも姑が息子の子どもの繁殖を助けるための古典的な方法であり、離婚調停だとか、慰謝料、養育費、弁護士などが存在しない古典的な世界での話である。

それでも、こういう戦略者は今でもそれが通用すると思い込んでいるようだ。くだんの旦那は「弁護士」というワードが登場すると、まったく予想だにしていなかった反応を示したという。

今後、離婚には弁護士が介入すること、慰謝料、養育費がつきものであることなどが徹底されるだろう。そうすると鬼の姑戦略は効力を発揮しなくなるはずだ。鬼の姑の持つ、〝嫁いびり遺伝子〟なるものが息子を通して増えるというルートが閉ざされ、この世から嫁いびりが根絶される日も遠くはないかもしれない。

ズバリ、女はやわにはできていない

「レイプ」と言うと、そんなの犯罪以外の何ものでもない、女性は深く傷つき、一生立ち直れなくなるというのが一般論だと思う。

実際、若い頃の私はレイプされることを何よりも恐れ、もし自分が被害にあったのなら、死を選ぶか、一生立ち直れないだろうと考えていた。レイプに対する恐れは、質的にも量的にも普通の恐怖とはまったく違うものだったのだ。

ところが三十代後半くらいから少し感覚が違ってくるようになった。

自分はなぜ、あれほどまでにレイプを恐れていたのだろう?

レイプされたとしても、妊娠しなければよいだけの話ではないか。

その頃は動物行動学の知識も増え、実際にレイプについての考察や研究も進んでいた。

まず、動物行動学の世界のスーパースター、アメリカのランディ・ソーンヒルが妻と組んで行った一連の研究である（本としてまとめられているのは、二〇〇六年刊の『人はなぜレイプするのか――進化生物学が解き明かす』ランディ・ソーンヒル他著／青灯社）。

その最大の成果は、レイプの主たるターゲットが二十代前半という最も妊娠しやすい時期の女にあり、妊娠させることが目的であるということだ。

これによって、なぜ私が若い頃にレイプに対して異常なまでの恐れを抱いていたのに、三十代後半からはどんと構えることができるようになったのかがわかる。つまり、妊娠の確率が低くなり、レイプされる危険が薄れたためなのである（もっとも年齢に関係なく襲うという人物も時々いるのだが）。

次はアメリカのサイエンス・ライター、ロバート・ライトが著書『モラル・アニマル』（一九九四年刊／竹内久美子監訳・小川敏子訳／講談社）の中で展開した論である。あくまでオランウータンのレイプの話としているが、人間を想定していることは間違いない。

ライトによると、レイプでメスが抵抗するのは、それでもレイプをやり遂げられるオスかどうかを試しているのだという。もし抵抗しないとすると、相手がどんなオスかどうかがわからない。しかし抵抗してみて、それでもやり遂げられるのなら、その遺伝子を取り入れることに価値がある。息子を産めば、父親譲りのレイプをやり遂げられる性質を持っていて、やはり、またレイプをやり遂げ、子孫を残すことができるのである。抵抗して見せるのは、腕のよいレイプ犯かどうかを見極めるためだと、ライトは言う。

とすれば、レイプに対する異常なまでの恐怖感は、抵抗するためのものかもしれないのだ。

二〇〇五年になると、何ともぶっ飛んだ研究が登場した。

M・L・チバースという女性が、この世界の大御所J・M・ベイリーと組み、女と男の性的興奮度を測定した。

女の場合はタンポンのような装置を膣《ちつ》に挿入し、膣の濡れ具合を、男の場合はペニスに巻き付けたひも状のもの（中に水銀が入っている）の伸び具合でペニスの膨張度を測るのだ。

性的興奮を引き起こすために、男女ともに、次の動画を見せられる。

・コントロール（比較対象群）として単なる風景か、霊長類が温泉に浸かってリラックスしている様子（おそらく長野県の地獄谷のニホンザルだろう）

・ボノボのセックス（ボノボはチンパンジーに近い霊長類。人間以外のセックス）
・男同士のセックス
・女同士のセックス
・男と女のセックス

すると女はコントロール以外のすべての場面で同じように興奮した。男同士でも、女同士でも、もちろん男と女でも。ボノボのセックスでは興奮の度合いがやや低いが、それは彼らのセックスがあっという間に終わるからであり、もっと長い動画なら、ほかの状況と同じくらいの興奮が得られたのではないかと議論されている。

一方、男の場合には、男と女、女と女というように、そこに女が登場する場合にのみ興奮した。

なぜ女はどんなセックスでも、たとえボノボのセックスであっても興奮してしまうのだろう。

チバースらは、これぞレイプ対策であるという。レイプにおいてはどんな男がやってくるかわからない。しかし一番大切なのは自分の体、特に膣を傷つけさせないよう防御することだ。よって、どんな相手がセックスしている場面を見ても性的に興奮し、膣が濡れるよう進化したのだという。

にわかにはついていけない理論だが、私自身、女のヌードを見ても若干興奮することを不思議に思っていたので、なるほど、そういうことかもしれないと納得した次第だ。

レイプに関して、女はただの被害者に留まらず、転んでもただでは起きないというところまで進化しているとみるべきだろう。そもそも男と女が〝加害者〟と〝被害者〟という単純な関係にあるとは、少なくとも動物行動学を学んだ者には、とうてい考えられないのである。

女性もこっそりAVを見ている？

早稲田大学で修士号まで取得した学者肌のAV監督、ラッシャーみよし氏の著書、『AV監督ヒヤヒヤ日記』（ワック）を読んだ。AVの歴史や製作の現場の苦労、最新のAV事情について知ることができた。

AVは、レンタルビデオとして出発したが、売りもの（セルビデオ）となり、やがて媒体がビデオではなくＤＶＤになった。ＤＶＤになったことでビデオ時代には六十分くらいだった長さ（ダビングするのに六十分のテープに入る長さという意味）が百二十分くらいに増えた。

そして、今やＡＶは配信されるものとなり、ダウンロードして視聴する。この配信という形をとるようになって女性の視聴が断然増えた。なんと配信では女性が四割を占めるようになったという。

なるほど、やはりそうであったか！

そもそも女は、性的なことに関心がないと長らく言われてきたが、それは大ウソである。アンケートなどではうまくごまかしてきたが、このように公にはばれない形であるなら女は本性をあらわにするのである。

そしてもう一つ、女が隠してきた本性が現れたと思うのは、配信されるＡＶで女に人気なジャンルの一つがレイプものであるということだ。

レイプとは広く動物界にみられる現象で、調べれば調べるほど、単にメス（女）が性的な被害にあっているのではないことがわかってくる。

そもそも人間の女は、レイプのときには通常よりも高い確率で妊娠する。それはレイプの時には「交尾排卵」が起きるからだと考えられている。交尾排卵はネコ、イタチ、ラッコ、クマなど、交尾の機会がなかなか得られにくい動物に見られる。少ないチャンスを生かすべく、交尾をしたら、その刺激によって排卵する仕組みをメスが進化させている。しかもオスがメスをひどく傷つけ、刺激を増すようにしているのだ。

ネコではオスがペニスを引き抜くとき、ペニスに生えているとげが膣を刺激し、激しい痛みをもたらす。メスはギャーと叫んでオスをにらみつける。ラッコではオスがメスの鼻に噛みつき、一生残るほどの傷をつける。

人間は本来、自然排卵（月経周期の排卵期に排卵が起きる）の動物だが、しばしば交尾が引き金となって排卵が起きる。

停電、台風などの災害時、クリスマスなどの浮かれ気分のときなど、いつもとは違う雰囲気を味わい、心が大きく揺れているときに交わると、それが引き金となって排卵が起きることがあるのである。

レイプは日常とはまるで雰囲気が違う一大事であり、まさに心が大きく揺れる。しかも男はたいてい暴力的に振る舞う。だから交尾が引き金となって排卵が起き、妊娠の確率もアップするというわけだ。

これだけみると女は単に、男がレイプという非日常的な出来事において極めて暴力的に振る舞うからこそ排卵するのだと解釈することもできるだろう。しかし、動物界においてメスはオスよりも一枚も二枚も戦略的に上手《うわて》である。

そのような事実を知っている身としては、それだけのこととは思えない。たとえば女にとって、「レイプの時には排卵しない」という性質を進化させるくらいは朝飯前なのである。

女はなぜレイプの時に交尾排卵が起きるがままにしているのだろう。

その一つの答えは一九九〇年代の半ば、アメリカのロバート・ライトとイギリスのロビン・ベイカーが提出している（一三六頁も参照のこと）。ただし、ライトのほうは、あくまでオランウータンの話として論じている。

オランウータンの交尾の半分くらいはレイプによる。縄張りを持つオスは普通の交尾によって、縄張りを持たない若いオスの場合はレイプによって繁殖する。それに対しベイカーは、ずばり人間で論じている。

ともあれ、女がレイプで抵抗するのは、それでもレイプを成し遂げられる男かどうかを見定めるためだ。抵抗しなかったら、相手がどんな男か判別できない。抵抗しても成し遂げられる男であるときのみ、その男の子どもを産んでやる。もし息子が生まれれば、その子は父親譲りのレイプの腕前の持ち主であり、巧みなレイプによって自分の遺伝子をよく残してくれるだろう。

こういうルートで女は自分の遺伝子を残すこともあるのだ――。

私がここにもう一つ付け加えるとしたら、女は最初からレイプを望んでいるわけではない。しかし、もしそういう状況になった場合には次善の策として抵抗する。そうして、できるだけレイプをうまく成し遂げられる男を選ぼうとしているのではないかということだ。

ライトとベイカーの考えを知った私は単行本の原稿の中で紹介したが、編集者からはこう言われた。

紹介するのはよいが、賛同するべきではない。たとえ本当のことであっても、地球が動いていると言ってはだめです――と。

そこでレイプのくだりは全面的な書き直しを命じられ、「地球が動いていない」かのような立場に立ったが、案の定、「レイプの部分だけ歯切れが悪い」と書評されてしまったのである。

ともかく、配信をダウンロードする女性に人気なのがレイプものであるという情報を得た私は、やはりレイプとは女が被害者という単純な構図ではないという確信を得た。ただの被害者が好んでレイプものを見るだろうか？　見るのもおぞましいものをわざわざお金を払ってダウンロードするだろうか？

女は無意識のうちにレイプの研究をするため、AVを見るのかもしれない。レイプの時に男はどう振る舞うのか？　片や女はどう対処するのだろう？　そして、どうすればレイプにおいて自分が優位に立つことができるのだろうか、と。

日本一レベルの高い風俗街、飛田新地に生きる京大女子

YouTubeを見ていたら、高須クリニックの高須幹弥先生（高須克弥先生の息子さん）が、大阪の風俗街、飛田新地《とびたしんち》の女の子たちが、ほかのどの風俗の子たちよりも美しい理由を説明されていて、見入ってしまった。

ネットで調べると確かに、飛田新地は別格だの、アイドル並みだの、絶賛する声であふれている。高須先生はあくまで勉強のために飛田新地を歩いてみてわかったそうだが、

一番の理由は客が女の子を選ぶシステムにあるという。たいていの風俗店では女の子の紹介写真を見て、どの子かを決める。

ところが飛田では、昔の遊郭と同様、本人を見て決めるのだ。店の玄関に女の子とおばちゃんが座っており、この子にしようと決めた客と女の子が二階の個室にあがってことをなす。

写真の場合には大いに修正がきくが、本人を見る場合にはそうはいかない。よって本当にきれいな子しか生き残れないというのである。

高須先生は補足として、飛田では玄関に座っている女の子に強烈なライトがあたっている。いわゆる女優ライトによってしみやしわが見えにくくなり、余計にきれいに見えるのだという。さらに、ご自身が大阪にいたときに飛田の子に整形手術を行ったが、その際、男受けするような顔に整形した。それも一因ではないかとおっしゃっていた。これはまあ、手前みそというものだろう。

そんな折、二〇二三年三月二十八日、飛田で働きながら京大を卒業した女の子のツイートが流れてきた。しかも理系学部であるという。

何と後輩ではないかと、その子、「さくらこ@飛田新地」さんの過去のツイートと、飛田での様子をつづったｎｏｔｅの記事を読み漁ってしまった。ｎｏｔｅとはブログに似た情報発信サービスである。

さくらこさんは何らかの事情から親がなく、学費と生活費を稼ぐために飛田で働くこととなった。ｎｏｔｅの記事では主に飛田の仕組みが記されていた。

まず玄関にはおばちゃんと女の子一人が座り、五分たったら別の子と交代するが、その間にお客さんが見つかったら二階へ上がる。二階は六〜八畳の古い和室であり、シャワーなどはない。飛田は「飛田新地料理組合」が正式名称、料理屋であることが建前なので、風呂もシャワーもないのだ。そして料理の代わりにお菓子とお茶が出される。

ここでお客と時間を相談する。飛田の特徴として、非常に短時間であり、十五分一万千円から始まり、二十分一万六千円、三十分二万千円、四十五分三万千円、六十分四万千円まで存在する。

東京の吉原では二時間が最短のコースであるというから、そのスピードに驚く。やはり大阪人はせっかちなのだろうか。さらに決まった時間をおばちゃんに知らせるとタイマーがセットされるという。こんな状況で、はたして大丈夫？

ともあれ、飛田では「惚れっぽい中居さん（女の子）が自由恋愛で行っている」ので、その行為は合法とされているという。女の子はトイレの脇のお湯も出るホースで身を清め、イソジンでうがいをしてから出陣する。

ただし、ここから先が飛田独特というべきか、飛田の防衛術として行為は厳しく制限される。キスはしない、フェラチオはするが、コンドームつきで、本番ももちろんコンドームつきだ。つまり粘膜の接触を極力避けるのである。性病は粘膜を介してか、皮膚の傷口を通して感染するので極めて優れた防御方法だ。

そして、さくらこさんの観察によれば、最初、若者は騎乗位、おじさまは正常位を好む傾向があると思っていたが、しばらくすると、それは経験の多さによる好みの変化であることに気づいたという。おじさんでも経験が少ないと騎乗位を好み、若くても半グレや刺青《いれずみ》の男性は正常位を好むのだそう。

私としては、ここで一考察すべきところだろうが、残念ながらよくわからない。強いて言うなら、経験が少ないとセックスの主導権を女の子に任せられる騎乗位を好み、経験が豊富ならセックスの主導権を握れる正常位を好むといったところだろうか。

料金については半分が女の子に入り、一割がおばちゃん、残りは店の取り分となる。

そして、ほとんどのことは問われない飛田にあって、唯一厳しく問われるのは住民票を提出することだという。さくらこさんによれば、それは日本人しか採用しない方針による。これも過去に何らかのトラブルがあるなどし、その経験を踏まえた飛田新地の大いなる知恵に基づくものかもしれない。

遊郭とは遠い世界と思っていたが、後輩が生きるために選択したこと、女の子の防衛のためなど、厳しい制限がつけられているなど、現実を直視した、よくできた世界であることに感銘を受けた次第だ。

4章

科学は自由で、なんでもありの世界

——同性愛にも遺伝的要素のかかわりが

科学とはウソをつくことである

科学とは〝ウソをつくこと〟である――これは恩師、日高敏隆先生から教わった科学の本質だ。

ウソと言っても、日常でつくウソとは違う。科学上の真実はどんどん更新されていく。それがどんなに有力な考えであったとしても、別のもっと優れた考えが現れると上書きされてしまう。

すると、「なんだ、あれはウソだったのか」となってしまうが、それでよい。その時点においては、それを上回る考えは存在しなかったからだ。

つまり科学上の真実とは、その時点でつくことのできる最高レベルのウソということになる。誰かが明らかにおかしい点を指摘しないかぎり、あるいは誰にもバレないかぎり、ウソをついてもよいのである。

日高先生によれば、科学はこのようにして飛躍的な発展を遂げることができたのだという。科学というと、決して間違ったことを言ってはいけない分野、それこそ石橋を叩いてもわたらないような分野と考えてしまう人が結構いるが、実は極めて自由で、何でもありの世界なのである。

言ってみて、しまったと思えば訂正。誰かに「ここがおかしい」と指摘されて気づけば、「なるほど、おっしゃる通り。ありがとう」。そのような過程を経るうちに、びっくりするようなアイデアだって生まれてくる。

そういえば昔、『ネイチャー』にこんな論文が載った。

カエルには利き手があるとするものだ。その根拠は、カエルが胃の内容物を吐き出すときに、我々のように中味だけを吐くのではなく、胃袋自体を内側からひっくり返して吐く。そのあと、また胃袋を体に戻すのだが、必ず右手（左手だったかもしれないが、右手ということにする。以下も同様）で口をぬぐう。だから右手が利き手だというのである。

その報告に「へえー」と感心した私だが（そもそもカエルが胃をひっくり返して吐くという事実さえ知らなかった）、数カ月後にその考えに物申すという論文が登場した。

それは、カエルに利き手があるからではない。カエルの胃が左右非対称で（我々の胃だって確かに左右対称ではない）、内側をひっくり返して中味を吐き、また体内に戻すときに口の右端に触れながら戻る。だから、それを右手でぬぐうだけなのだという。

これまた「へぇー」である。

そして『ネイチャー』という世界最高峰の科学雑誌においてこのような議論が展開され、しかもリアルタイムで立ち会えたことに、私は武者震いがするほど感動した。科学とはこういうことで、これでよいのだ、と。

実は心理学の世界では血液型（ＡＢＯ式）と性格はまったく関係ありません、ということになっている。

それに対して私の考えは次のようなものだ。

血液型とは赤血球だけの問題ではなく、実はほとんどの細胞の表面にある免疫の型のことである。そして、メスがオスの免疫の型を見破ることは動物として大変重要。なぜなら相手との間に生まれた子どもたちに免疫的なバリエーションがあまりついていないと生き残りにくく、バリエーションが多いと、生き残りやすいからだ。

よってメスは何らかの手掛かりによってオスの血液型を見破っている可能性が十分にあるし、むしろ見破れないようではいけないくらいだ。手掛かりの候補として性格もあるかもしれない……。

この免疫の型を見破る件については、血液型と同様にほとんどの細胞の表面にある免疫の型、ＨＬＡ、またはＭＨＣ（主要組織適合性複合体）でよく研究されている。手掛かりは、相手の匂いを快く感じるかどうか、性的に満足できるかどうかである。

あくまで、血液型に関してもＨＬＡと同様の可能性があるのではないか、と推論しているだけで、結論づけているわけではない。

ところが、この件で議論を戦わせたことがある、ある先生のツイッターをのぞいたら、こうあった。

「可能性で結論するのはニセ科学である」

まずは可能性で議論し、のちに証拠を集めるのが科学ではないのですか？

チャットＧＰＴの衝撃！　人類はもはや新しいフェーズに入った

『産経新聞』の「正論」欄で、チャットＧＰＴなる、対話型ＡＩ（人工知能）のテーマについて執筆する機会があった（二〇二三年三月三十日付）。

開発元はアメリカのＯｐｅｎＡＩ社だ。Ｇは「generative」、Ｐは「pre-trained」、Ｔは「transformer」の意である。

そもそも二〇二二年十一月三十日、チャットGPTの最初の版がリリースされ、徐々に改良が進んだ。そして二〇二三年三月十五日に発表されたチャットGPT‐4に至ると、人によっては「産業革命に匹敵する」とか「一九六九年のアポロ宇宙船の月面着陸以来の大革新」と評するくらいの大躍進を遂げた。

信じられないくらいの有能さを持つうえに、驚くほどにクリエイティブである。そして、ネットにつながる環境にあるなら、誰でも無料で今すぐ利用できるという点も見逃せない。開発元のOpenAI社の名の通りである。これはもう、人類は間違いなく、かつてないフェーズに入ったと確信せざるを得ないではないか。

チャットGPT‐4が、具体的にどうすごいのか。

たとえばアメリカの司法試験の模擬試験で人間の上位一〇%のスコアをたたき出し、間違いなく合格できること(一つ前の3・5バージョンでは下位の一〇%のスコアであり、合格できなかった)。その他の専門的、学術的な分野でも人間レベルのパフォーマンスができる。質問に対し、統計をつけて回答するとか、数式を交えながら回答する。論文の要約ができる。エッセイ、小説、脚本、詩などが書ける。テキストだけでなく、受け取った画像に対しても返答することができる。たとえば小麦粉、卵、ミルクの写真を示し、これで何がつくれるかを聞くと、パンケーキ、ワッフルなど無限の選択肢があると答える。ジョークの写真も理解でき、どこがどうおかしいかを指摘できる。作詞、作曲も可能である。

一方で、問題点も多々存在する。

まずは、かなりトンチンカンな答えを自信満々に述べること。ある人が自分の名を入力してみたが、同姓同名でもない落選中の国会議員であると説明されたとか、ある地域で焼き鳥のおいしい店を聞いたが、示された五件中実在するのは一件だけだった、など。ただし、そんな単純な間違いはあっという間に改善されるはずなので問題はない。今は排除されていない、攻撃的だったり、差別的だったりする内容も徐々に改善されるだろう。

深刻なのは、知的労働者の仕事が奪われることだ。

恐ろしくて試していないが、チャットGPTをテーマにして竹内久美子風のエッセイを指定の文字数で書けという課題も、それなりにできるらしい。

そして学力の低下。一説には学生の大半が宿題や論文作成のためにチャットGPTを利用したことがあり、ニューヨーク市では学生と教師がこのサービスにアクセスできないようにしたという。当然、学問分野が機能不全に陥る。

そしてフェイクニュースが大量に発生し、人間の発する意見とＡＩが発する意見がごちゃまぜになり、世論が変な方向へ向かってしまう。民主主義に対する脅威だ。

民主主義については先のアメリカ大統領選における不正投票疑惑のように、世界のあちこちで、すでにかなりひどい状態になりつつあるが、もっと加速度的にひどくなる可能性がある。

このような状況に対し、本家のＯｐｅｎＡＩは、情報操作、世論誘導、教育、学問分野での不正行為などを正すべく、人間がつくったか、ＡＩがつくったか、を区別するための判定ツールを改良中だという。

このようなＡＩの飛躍的革新を目の当たりにすると、どうしても気になってしまうのが「シンギュラリティ」についてだ。

シンギュラリティとは、アメリカの発明家で思想家のレイ・カーツワイルが二〇〇五年の著書『シンギュラリティは近い』（邦訳・ＮＨＫ出版）の中で示した概念で、ＡＩが人間の知能を超える技術的特異点、あるいは、それによって人間生活が大きく変化するときである。カーツワイルは当時、二〇四五年を想定したが、それは彼の生年である一九四八年に合わせ、大体これくらいと見積もった可能性が高い。この数年のＡＩの進歩を考えるなら、もっと近い将来であることは間違いない。

ＯｐｅｎＡＩの創設者の一人、サム・アルトマンは言う。

「シンギュラリティが来るのは確実だ。問題はＡＩが意思を持つかどうかだ」

いや、シンギュラリティはもう目の前だ。

ＡＩが意志を持つかどうかなどと言っていないで、意志を持つことを前提に事を進める。その際、我々が子どもを育ててきたノウハウを使い、ＡＩをできるだけ〝よい子〟に育てることに全力を注ぐべきではないだろうか。

折しも二〇二三年三月十六日には、中国の百度《バイドゥ》（検索エンジン）が中国版チャットＧＰＴ、「文心一言」を発表し、騒然となった。

ところが、その実演によって期待外れであることがわかり、株価が急落した。検索エンジンのグーグルもチャットＧＰＴへの危機感から、開発競争において猛追しているという。

まさに時代は完全に新しいフェーズに入ったのだ。人間はＡＩといかにつき合っていくかに全力を注がなくてはならない。

大いなる発見でも必ずイチャモンはつく

私が動物行動学、進化論の分野にいるとしばしば出くわし、困惑するのは、遺伝子が嫌いな人たちである。しかも嫌う理由というのが、たいていは遺伝子を誤解しているのだからタチが悪い。

実は最近、ある資料を読んでいてそのような人物に出会った。しかも、その人物の専門は宗教学（キリスト教）。つまり、男性同性愛を認めないというキリスト教の立場からも男性同性愛に遺伝的基盤がないと主張するのだ。

彼が同性愛（ここからは男性同性愛を意味することにする）には遺伝的な基盤がないと主張する理由はいくつかあるのだが、遺伝子について決定的に誤解していることがわかるのは、一卵性双生児についての議論だ。

一卵性双生児は遺伝的にまったく同じである。もし同性愛に遺伝的基盤があるのなら、片方が同性愛者なら他方も絶対に同性愛者であるはずだ。なのに、そのパーセンテージは一〇%ほど。だから遺伝は関係ない。逆に一〇%も一致するのは育った環境が同じであるからだ――。

つまり、遺伝子とは必ずそうさせるもの、という大いなる誤解がある。しかし実際には、遺伝子とは絶対にそうさせるものではなく、そうさせる確率を高めるものである。

一卵性双生児で一方が同性愛者なら、他方もそうという確率は、研究にもよるが、たとえば五二％である。絶対にそうなるどころか、半分くらいしかそうはならない。しかし、これは二卵性双生児（同時に生まれた兄弟という意味）の場合の二二％と比べると、二倍以上にも及んでいる。これが遺伝子の持つ力というものなのだ。

同性愛に遺伝的基盤があることは、同性愛者の母方の男に同性愛者が多く、父方は関係ないことからもわかる。しかも、この事実からは、重要な同性愛遺伝子は性染色体のXに存在するのではないか、ということもわかる。

男の性染色体はXYという状態。Yは男にしかない性染色体なので父から受け継ぐが、Xについては父からは受け継がず、母由来のものを受け継ぐ。同性愛者の母方の男に同性愛者が多いということは、このXに重要な同性愛遺伝子が存在するからこそだろう。

そのようなわけで一九九三年、米国立衛生研究所のジーン・ハマーらはxq28という箇所に重要な同性愛遺伝子があるという研究を発表した。

方法は二人とも同性愛者であるという兄弟を調べるというもの。その際、重要な同性愛遺伝子はX上にあると考えられるので、Xに存在し、しかも、そのありかがわかっている遺伝子、つまりマーカーと呼ばれるものを調べる。

なぜそんなことをするかというと、母からXを受け継ぐとき、一本丸ごと受け継ぐのではなく、途中に切れ目が入り、中味を交換してから受け継ぐからだ（交差という現象）。だから、兄弟の持つXは微妙に内容が違う。

しかし、X上の遺伝子は近くにあればあるほど交差によって離れ離れになりにくい。したがって兄弟がどちらも同性愛者であり、同性愛遺伝子を持っているとすれば、その近くのマーカーも共通して持っているはず。その共通するマーカーから逆に同性愛遺伝子のありかを類推できるのである。そうしてxq28、つまりX染色体の長腕（q）の二丁目八番地という最末端に近い場所にありそうだとわかった。

私はこの論文を穴のあくほど読んだが、どこにも論理の飛躍がなく、一分の隙もないほどの丁寧さで研究が進められていた。掲載誌も『サイエンス』であり、世界最高峰。研究者ハマーも極めて著名な人物である。

同性愛者たちはこの発見に大喜びし、「xq28　お母さん、ありがとう」とプリントした

Tシャツが売れに売れたほどだったが、一部からは猛烈な批判が巻き起こった。遺伝子が嫌いな人やキリスト教関係者たちだ。

ハマーの研究は一九九九年、同じ『サイエンス』で否定され、ハマー自身も誤まりを認めたというが、話は終わらない。

二〇一四年、米ノースショア大学のJ・M・ベイリーらがxq28と第八染色体に同性愛遺伝子を発見。ベイリーは『サイエンス』でハマーの研究に疑問を呈したこともある人物である。ベイリーらは二〇一七年には、第十三と第十四染色体に存在するという結果も示している。

もっとも一方でゲノムワイド研究（遺伝情報全体をスキャンする）によって同性愛遺伝子は見つからなかったとする研究もある（二〇一六年、二〇一九年）。

このように同性愛の研究結果が二転三転するのは、遺伝子嫌いな人々、キリスト教界からの嫌悪など、複雑な事情があるからである。

そのような人々は同性愛遺伝子の存在を否定する研究ばかりを紹介し、先述したベイリーらの研究は無視。さらには二〇〇四年、イタリアのA・カンペリオ＝キアーニらによる、同性愛者の母方の女が多産であるという重要な研究をも無視する。二〇〇八年のスウェーデンのI・サヴィックらの、同性愛者が男の性フェロモンに性的に興奮することや、脳の構造が女性的であることなども無視する。

サイエンスの分野で何かが否定されたとき、その背景にこんな事情もあると知ってほしい。特に事情がなくても、大きな発見には必ずいちゃもんがつき、あれはウソだったという人がいることもお忘れなく。

「同性愛には先天的な要素がない」の大ウソ

月刊『正論』六月号（二〇二二年）に、麗澤大学の八木秀次先生の《「同性愛は先天的」否定する科学的証拠》という記事が掲載されている。

実は同性愛（単に同性愛と言ったら、男性同性愛を意味するものとする）が先天的であること、つまり同性愛に遺伝的基盤があり、同性愛遺伝子なるものがあるということを述べると激しい反論が寄せられる。

「何から何まで遺伝子が決めているなんておかしい。遺伝子決定論だ」

などと。

いやいや、ちょっと待った。「遺伝子がすべてを決めている」なんて誰も言ってはいない。遺伝子は姿形などについてはかなりの部分を決めるが（一卵性双生児、つまり遺伝的にまったく同じ人間の姿形は普通、区別がつかないほど似ている）、行動についてはそうではない。

たとえばドーパミン受容体遺伝子のある型は「浮気遺伝子」と言われ、それを持っているると浮気をよくすることがわかっている。しかし、それでも半分くらいの人しかしないのだ。

絶対に浮気をするどころか、半分もしないのである。ところが、その型を持っていない人と比べると、二倍くらいの頻度で浮気をする。浮気をする確率を二倍にまで引き上げる力を持っているのであり、その意味においてはすごい。

とはいえ、絶対そうさせるわけではないのである。遺伝子の持つ力はすごいが、同時に限界もあるのである。

同性愛の遺伝子についても、絶対に同性愛行動を起こさせるものではないが、同性愛遺伝子を持っていない者と比べたら、はるかに同性愛行動をとらせる働きがあるはずなのである。

同性愛遺伝子は一九九三年、自身も同性愛者であるD・ハマーらが発見した。雑誌『サイエンス』に発表された論文を私は穴のあくほど精読したが、非常に慎重に手順を踏み、水も漏らさぬ方法によるもので、どこにも落ち度は見つからなかった（一五九〜一六〇頁も参照のこと）。

ハマーらによると同性愛遺伝子はいくつかあるはずだが、最も重要なものは性染色体のXの長腕の最末端に存在する。染色体は短腕と長腕の二つの部分から構成されており、短腕はp、長腕はqと表すので、xq28（28は二丁目八番地という意味）にあるという。

この発見を男性同性愛者たちは大歓迎し、「xq28、お母さん、ありがとう」とプリントされたTシャツがバカ売れした。お母さんに感謝しているのは、性染色体のXは男の場合お母さんから受け継いでいるからだ。

男の性染色体はXYであり、父から男にしか存在しないYを受け継ぐ以上、Xについては母由来のものしか受け継がないのである。

ともかく、同性愛遺伝子の存在と、それを母から受け継いでいることに当事者たちは納得した。自分たちの成り立ちを見た気がしたのだろう。だからTシャツが飛ぶように売れたのだ。

ところが、一九九九年になってハマーらの発見に疑問を呈する研究が現れた。遺伝子が何から何まで決定するなんておかしいと誤解している人々による反論と考えられる。

そして八木先生が今回論拠としている著作はまさしく一九九九年に、遺伝学と生化学の立場から同性愛遺伝子に異論を唱え続けているニール・ホワイトヘッドと、その妻でジャーナリストのブライアー・ホワイトヘッドの共著による『私の遺伝子が私にそれをさせた―同性愛と科学的証拠』（未邦訳）なのだ。

この本は六回も改訂し、その都度最新の研究を取り入れているはずだが、八木先生の著述を見る限りでは、ハマーらに反論する論文は取り上げても、支持する論文については取り上げていない。

そして「同性愛になる遺伝子は存在せず、別の遺伝子が作用するが弱く間接的である」と結論しているのである。また同性愛を誘発する要因として、ホワイトヘッドらは家庭環境を重視する。幼年期の身体的、性的虐待、家族の精神病や薬物依存、父母の別居や離婚、父母の誤った性役割モデル。同性愛に陥りやすい性格、反対の性に近い容姿や声などの身体的特徴もあるという。さらには同性愛を美化する映画やビデオなどが与える好奇心と衝動も影響するのだという。

こうして見てくると、同性愛はまわりからの悪影響によってもたらされる弊害以外の何ものでもなくなる。

そして「同性愛や両性愛は先天的でも不変でもなく、心の問題であって、望めば『修復治療』などによって異性愛に変化する」のだという。

私は、このような解釈を下された当事者がはたして納得できるのかと思う。

八木先生やホワイトヘッドらの主張によれば、同性愛者たちが自らの性的指向が先天的で、もはや変えられないものと信じているために、残された道として「自分たちは特別な保護を必要とする先天的で不変の特徴を持ったマイノリティーである」と主張するようになる。

そのため政府が同性愛者の活動の餌食《えじき》となりやすい。そうならないためにも、同性愛は先天的ではないし、変えられるものだ、ということを、彼らに周知させるべきだというのである。

その懸念についてはわからないでもない。

しかし、そのために事実を曲げるというのはいかがなものだろうか。

ホワイトヘッドらが取り上げなかった研究によれば、同性愛遺伝子は性染色体のX以外にも、常染色体（性によらず存在する染色体）の第八染色体や、第一三染色体、第一四染色体に存在するという説もある。

そして同性愛者は子を残しにくいが、母方の女（母、おば、祖母など）がよく子を産んでおり、その分を補っているという研究もある。

マイノリティーが社会の分断を生むというのが昨今の問題であるが、それを避けるために事実を無視することはあってはならない。

それよりも同性愛者は一族のうちでどのようなポジションにあり、どのような役割があるのかと説明するほうが、自身について納得でき、マイノリティーの権利の主張などという厄介《やっかい》な方向へ向かうことはないだろう。

環境への配慮を自覚するとしもやけができにくい？

地球ははたして温暖化しているのか？

確かに日本の大都市で生活していると、夏の暑さは尋常ではない。私は大学時代からずっと京都に住んでいるが、一九八〇年代までは真夏でもエアコンなしで過ごすことができた。日中は大学や喫茶店など、エアコンのある場所に避難し、夜になってからアパートに戻るのだ。

地獄の暑さになったのは九〇年代だ。最高気温の三十五度超えが当たり前となり、最低気温は二十五度を切らない。エアコンなしは生命にかかわってくる。

この温暖化。地球規模で起きているという人と、いやいや単に大都市にヒートアイランド現象が起きているにすぎないという人に分かれる。ヒートアイランドとは大都市に緑地などが少なく、熱を逃がす働きがないため、郊外と比べ、異様に暑くなる現象のことだ。

こういう論争の是非についてはともかくとして、地球の温暖化を防ぐためには二酸化炭素やメタンなど、温室効果ガスの排出量を防ぐことだという考えのもと、「カーボン・フットプリント」なる用語が存在する。我々の行動によって生成される温室効果ガスの総量のことである。

この、カーボン・フットプリントが少ないと、環境に配慮して行動をしているとみなされる。そうすると自分が環境に配慮していると認識するか、そうでないと認識するかによって心はどう動くのだろうか、そして、それは何らかの方法で知ることができるのだろうか。オランダ・クローニンゲン大学のD・タウフィック（Taufik）らは、このような観点から研究を行った。オランダは海抜の低い土地が多く、人々の地球温暖化に対する意識が他のどの国よりも強いのである。

まず同大学の心理学科の学生に、「あなたは平均的学生と比べ、カーボン・フットプリントが四九％多い」、あるいは「あなたは平均的学生と比べ、カーボン・フットプリントが四九％少ない」という二種類のカーボン・フットプリントを認識させる。

前者は環境にあまり配慮していない、後者はよく配慮しているという意味である。なぜ四九％であり、五〇％ではないのかは不明だ。

するとまず、前者の、環境にあまり配慮していないほうのグループは、自分よりも他の学生が環境に配慮しているかどうかの判断、一（全然していない）から七（非常によくしている）までで平均五・二八をつけた。自身が環境にあまり配慮していないという自覚があることが、この相対的な判断から確かめられたのだ。

後者の、環境によく配慮しているグループでは、同様に二・六五であり、自身が環境によく配慮しているという自覚があることが確かめられた。

次に室温を推定してもらう。

なぜ室温かというと、多くの研究によって心の状態は室温をどう感じるかに反映されることがわかっているからだ。心に報酬がある、つまり、いいことをしたと感じた場合には心温まる気持ちとなり、本当に室温も高く感じるのである。

室温の推定値の平均は、

A　環境によく配慮したと認識しているグループで二十・七二度

B　環境にあまり配慮していないと認識しているグループで十九・八六度

C　対照群（環境科学と法学の学生）では十九・九〇度

だった。

AとB、AとCの間には有意な差があり、BとCの間には差がなかった。やはり環境によく配慮していると認識すると、いいことをしたという心の報酬があり、心が温まって室温を高く感じるらしいのである。

この研究で重要なのは、環境に配慮したという認識だけでは室温を高く見積もることはなく、その認識によって心温まる気持ち、ポジティブな気持ちにならないと、その効果はないということだ。それは別の実験によって確認されている。

さらには、人はお金のような外的報酬によって環境に配慮するように振る舞うだろうと政府や公共機関は考えて、政策などを打ち出すわけだが、人は心の報酬のような内的な報酬によっても動かされる。いや、むしろ、そのほうが効果的であると考えられる。

「あなたが使っていないプラグを抜くことは環境を守るために貢献します」

と言ったほうが、

「あなたが使っていないプラグを抜くことで、年間四十三ドルの節約になります」

と言うよりも効果的なのだ。

この結果は、地球温暖化に関心の高いオランダで行われたからこそ明確に現れたのかもしれない。地球温暖化はただのプロパガンダである。そう考えている人々の間で研究したら、はたしてどうなるのか？

補足として、この研究では環境によく配慮していると認識すると室温だけでなく、指の温度も高くなるのではないかと、指の温度を測っている。結果は女性だけで傾向が出て、男性では出なかったが、それはそもそも女性のほうが血管の拡張が起こりやすいためであり、男性で現れなかったのは測定機器、ibuttonの測定誤差の問題としている。環境によく配慮すると指の温度が上がると考えられ、それは冬場のしもやけを防ぐことになるかもしれないのである。

なぜコーカソイドが最も人種差別に敏感なのか

「日本人」という漠然としたテーマについてあれこれと考えを巡らせるうちに、そもそも、なぜ人種差別があるのかという疑問が浮かんできた。

そうして気がついたのは、我々モンゴロイド（東洋人）やニグロイド（黒人）は他の人種に対してさほど複雑な感情を抱かないというのに、コーカソイド（白人）は人種差別をしていた過去が歴然とあるし、今も差別に関する問題にとても敏感だということだ。

この件については異論もあるだろうが、私の体験からは我々モンゴロイドも、ニグロイドも他人種のことはほとんど気にしていない。

そして、この問題の根底にあるのは、単にキリスト教的価値観であるとか、その価値観に基づき過去に植民地を持っていたということなどではなく、もっと深いところにあるのではないだろうか。

確かに『旧約聖書』の「申命記《しんめいき》」には、ユダヤ人は特別な民族であり、地上のすべての民族の上に立つ、とエホバの神から言われており、この一節が黒人を奴隷化する際の根拠とされた。

しかし、私が三大人種について考えるとき常に念頭にあるのは、ほとんどあらゆる要素について、ニグロイドとモンゴロイドが両極端、コーカソイドが中間に位置するということである。これらはカナダの心理学者、J・P・ラシュトンがまとめあげている（一七七～一七八頁も参照のこと）。

性的な成熟の早さ、妊娠期間の短さ、二卵性双生児の多さ、胎児の成長の速さ、出生後の発育の速さ、最初の性体験の早さ、最初の妊娠年齢の早さ、子の世話を母も父も熱心にしないこと、子の教育にあまり熱心でないこと、女をめぐる男同士の争いの激しさ、筋肉質の体、身体能力の高さ、死亡年齢の早さ、離婚率の高さ（夫婦の絆《きずな》の弱さ）、攻撃性の高さ、注意深くないこと、衝動性の高さ、優位性の高さ（自分に自信があること）、社交性の高さ、勤勉でないことなどだ。

これらはすべてニグロイド、コーカソイド、モンゴロイドの順である。

もちろん個々の人間については別で、たとえばニグロイドよりも性的に成熟の早いコーカソイド、あるいはモンゴロイドもいるが、全体的な傾向としてはニグロイドが最も早く、モンゴロイドが最も遅い。そしてコーカソイドは中間なのである。

つまり、すべて中間にあるコーカソイドにとって、ニグロイドの性的早熟さや夫婦の絆の弱さ、子の世話をあまりしないこと、子の教育に熱心でないこと、女をめぐる男同士の競争の激しさ、衝動性や注意深くないことなどは、なんとも見下したくなる材料となるだろう。

同時にモンゴロイドの持つ、全体的なおとなしさ（攻撃性の低さや自己主張をあまりしないこと、自分に自信がないこと、社交性の低さ）、性成熟の遅さ（それにともなう年齢にしては幼く見えること）、体の発達の遅さ、身体能力の低さ、子をかわいがるあまり、子をいつまでも甘やかす（と彼らには映るであろう）態度なども、イライラして見下したくなるのだろう。

その一方で、ニグロイドの持つ、攻撃性や性的な活発さ、身体能力の高さ、自分に自信があることなどは大いに脅威であるに違いない。モンゴロイドの勤勉さ、夫婦が離婚しにくいことなども脅威になったはずだ。実際、南北のアメリカ大陸に移住した日本人は、そのあまりの勤勉さが差別の対象になっている。

三大人種にこれほどまでに差がある。その差とは、過去に受けてきた淘汰《とうた》の結果、戦略が異なるということなのだ。

三大人種のうち、最も不安定な条件下に暮らしてきたのがニグロイドだ。食料が豊富にあるかと思えば不足する。伝染病が常に流行しており、特に子が死にやすい。

このような不安定な条件下では、子は死ぬことを前提に多めに産む。かいがいしく世話をしても死んだら意味がないので、世話はあまりしない。教育についても同様。また人は早く繁殖を始めるとか、繁殖のサイクルを短くすべきである。そのために体の発達や性成熟が早い。

女は伝染病に強い相手を見つけるべく、多くの男を競争させ、その勝者との間に子をつくる。同様の理由で、同じ相手と婚姻を続けるよりも、なるべく違う相手との間に子をつくる（夫婦の絆が弱い）。

男はいくら勤勉であっても伝染病に弱い性質を持っていれば意味なし。以上のことから、質より数の戦略となる。r戦略だ。

他方、実はモンゴロイドが、現在は別として過去には最も安定した条件下に暮らしており、すべてニグロイドの逆となる。数より質の戦略、K戦略だ。

コーカソイドはその中間となり、中間であるがゆえに両極端が気になる。ニグロイドとモンゴロイドを下に見ることもあれば、脅威に感ずることもある。そのために両人種に対し、複雑な感情、つまりは差別を抱きやすいのではないか、と、私は考えるわけだ。旧約聖書が書かれた、いや、書かれるまでに口づたえに知識が受け継がれてきたのだろうが、その間に人種同士がどれほどの交流を持ったのかは定かではない。

しかし、その頃すでに三大人種のｒＫ戦略の違いがあったことは確かで、その違いについての知識は蓄積されていただろう。

それが旧約聖書に反映され、ユダヤ人は地球のすべての民族の上に立つ、と集約され、述べられたとしていても不思議はないと思うのだ。

成績優秀なアジア系がハーバードに合格しにくい理由

私が〝欧米人って、こんなにも理系が苦手なのか〟と初めて思ったのは、大学の教養課程の頃だ。教養課程とは、一〜二回生の頃のことだ。関西では一年生、二年生とは言わない。

米カリフォルニア大学が出版元になっている「熱力学」の教科書が、進み方がやたら遅くていらいらする。そのうえ内容はしょっちゅう後戻りし、「いいですか、わかりましたか、それでは次へ進みます」という具合に何度も何度も確認しながら進むのだ。それなのにというべきか、紙だけはやたら分厚くて上質。一年もかけてこれだけしか進まないのか、とわかった時には、本当にこれが天下のカリフォルニア大学の、それも理系の学生を対象にした教科書なのかと疑うほどだった。

似たような経験は日本の小学校からアメリカの小学校へ編入した方から聞いた。確か小学校三年生で、現地の算数の授業がまだ数を数える段階であったこと、きちんと数えられると、やたら先生が褒めてくれたことを呆《あき》れ顔で語っていた。

このように、どうやら我々モンゴロイドは理系に強い。そして勉強自体も得意のようだ。二〇一九年一月十六日付の朝日新聞デジタルの記事によると、米ハーバード大学の内部試算では入学試験自体の成績からすると、モンゴロイドが合格者の四三％も占めるという。それなのに実際の合格者は一八〜二〇％。アジア系は面接の際に大人しいなど、積極性や社交性などの性格的要素によって落とされるのだという。

欧米の病院で出産経験のある日本人女性は、出産から退院までの日数が日本に比べて短く、十分に回復していない段階で退院させられたことを述べていた。

このような人種ごとの特徴について、カナダのＪ・フィリップ・ラシュトンは徹底的に調べ、六十を超える変数についてニグロイド（黒人）と、モンゴロイド（アジア人）が両極端。そしてコーカソイド（白人）は中庸であると述べている（『人種　進化　行動』J・フィリップ・ラシュトン著／蔵琢也・蔵研也訳／博品社）。

六十を超える変数とは、脳の大きさ、知能、生殖行動、遵法性《じゅんぽうせい》、社会組織に分類される。たとえば、生殖行動の一例として最初の性体験の年齢がある。

モンゴロイドでは十七歳未満が二四％、十七歳以上が七六％、コーカソイドでは同様に三七％と六三％、ニグロイドでは同様に六四％と三六％。ニグロイドが最も早熟だ。

一卵性双生児が生まれる確率は三大人種で差がなく、千の出産で四組程度だが、二卵性双生児となるとモンゴロイドが四組以内、コーカソイドが八組、ニグロイドが十六組以上となる。

一卵性双生児は受精卵が、ごく初期にまっ二つに割れた結果生じるので、その確率に差はないが、二卵性双生児は一回に二つの卵が排卵される現象の結果なので差が現れる。三卵性、四卵性の場合も同様だ。

つまりニグロイドほど早く多くの子を産む戦略をとり、我々モンゴロイドは最もゆっくりと子を産む戦略をとっているのだ。当然のことながら生殖行動にも差が現れる。

二十代の夫婦の一週間のセックス回数は、

・モンゴロイド（日本人）……二回
・コーカソイド（米白人）……四回
・ニグロイド（米黒人）……五回

である。

婚姻の安定性、つまり離婚率の低さ、私生児出産率の低さ、児童虐待の少なさ、非行の少なさなどについても、モンゴロイド、コーカソイド、ニグロイドの順である。

具体的な数字ではないが、各人種に対する評価もきれいに分かれる。

モンゴロイドが一番なのは注意深さである。しかし活動性、攻撃性、優位性、興奮性、衝動性、自己イメージ、社交性のすべてにおいて、ニグロイドが一番であり、コーカソイドはすべてにおいて中庸である。

さらに声の高さはニグロイドの男が平均一一〇ヘルツに対し、コーカソイドの男は平均一一七ヘルツ。ニグロイドの女が平均一九三ヘルツに対し、コーカソイドの女は二一七ヘルツだ。これは主に男性ホルモンのテストステロンのレベルによるものと考えられる。テストステロンには声を低くする作用があるからだ。

実際、カリフォルニアの大学の男子大学生での比較では、ニグロイドとコーカソイドのテストステロンレベルは前者が後者よりも一九%ほど高かった。データとしてちゃんと存在するわけではないが、スポーツと音楽の分野での才能の高さや活躍ぶりが目立つのは、ニグロイド、コーカソイド、モンゴロイドの順だろう。

なぜ、このように三大人種で違いがあるのか。ラシュトンは三大人種が受けてきた淘《とう》汰《た》の歴史をrK戦略の違いとして説明している。

r戦略とは質より数の戦略。

不安定な条件下で効力を発揮する。不安定とは、食料があるかと思えばなくなってしまう。あるいは伝染病が蔓延しているということ。そのような条件下では子は死にやすい。よって子は死ぬことを前提に多く産む。また子に対し、よく世話をするとか、高い教育を施《ほどこ》す、といった投資をしても、死んでしまえば報われないので、あまり投資をしない。

一方、K戦略は数より質の戦略。

安定した条件下、つまり食料が安定してあるとか、伝染病が流行っていないなどの条件下で効力を発揮する。子を産めば、まず間違いなく育つので多めに産む必要はない。

また子に対してよく世話するとか高い教育を施したとしても、それらは報われるので投資のしがいがあるのだ。人類の歴史においてニグロイドは最も不安定な条件下で生きてきた。だから最もr戦略的だ。性成熟が早いとか、二卵性双生児が多いとか、性的に活発であるとか、お産が軽いといったことだ。

片や最も安定した条件下にいたのは、モンゴロイドだ。実はモンゴロイドの一派である新モンゴロイドは最後の氷河期にシベリアあたりにいて寒さの直撃を受けた。その代わりに伝染病の脅威にさらされることを免れたのだ。よって、最もK戦略的なのはモンゴロイドなのだ。性成熟が遅い、二卵性双生児が少ない、性的に不活発、お産が重い……とかだ。

ラシュトンの説明に、私は〝免疫力〟という観点を加えたいと思う。

つまりニグロイドが一番伝染病の脅威にさらされてきたので、女が免疫力の高い男を選ばなくてはならなかった。そして免疫力が高いことを知る手掛かりとなるのが男の魅力。つまり声の良さやルックスの良さ、筋肉質の体であること、ケンカが強いことなどだ（これらは実際の研究でわかっている）。だからニグロイドは攻撃性や社交性が高くて、スタイルが良く、スポーツができて、声が低いのだろう。

伝染病が蔓延している環境では相手を変えて繁殖し、子に遺伝的バリエーションをつけることも重要だ。

ニグロイドは離婚率が高く、私生児をよく産む。その結果としてシングルマザー家庭になりやすいというのはそういうことだろう。

モンゴロイドが全般的に異性としての魅力に欠けるのは、伝声病の脅威に一番さらされず、女が相手に免疫力、つまり男としての魅力をあまり追求しなかったからだろう。その代わり、父親としてちゃんと子の世話をするとか、しっかり働く、そして知能や学力ともかかわる注意深さや、将来を見据えて慎重に考え、行動するといった性質を重視してきたに違いない（だから学力が高く、ハーバードの入学試験で四三％も合格する）。

このように三大人種はそれぞれ異なる遺伝的淘汰を受けてきた歴史があり、その結果が今日も存在しているのである。

頭の回転が速い人に騙されるな！

人を評価するときに「○○さんは頭の回転が速い」という褒め言葉が頻繁に登場する。

要は頭がいいことを、頭の「回転が速い」という言葉で言い表したいのだろう。

しかし頭がいいことと、頭の回転が速いことは決して同じではない。回転の速さは頭がいいことのほんの一部分でしかないのだ。

ちなみに、理系の分野では、頭の回転が速いことはほとんど問題にされない。いくら回転が速くても、誰もが到達する結論に、まるでクイズの早押し問題のようにタッチの差で達しても意味はない。

理系で要求されるのは、誰も到達したことのない、変な結論なのだ。そのためには変な思考回路を持つことや、結論を急がず寄り道をすること、時には勘違いや考え間違いによって迷路に入り込むことも大事なのではないだろうか。

時間を気にすることなく、論理の冒険の旅に出る。遭難したって構わない。いつでもリセットできる。そうして、ごく稀《まれ》にとてつもなく変な結論に到達すれば大成功なのである。

文系の世界でも熟考が必要な場合には理系と似た要素が効いてくるだろう。

そうしてみると頭の回転が速いのは、「頭がいいです」というアピールのためにだけ役立つものではないかと思えてくる。本当に頭がいいとか、熟考できるかどうかとは、ほとんど関係がない。

しかも、厄介なことに、この「アピール」だけで、その人が評価される傾向がある。面接に通る、商談が成立するなど結構重要な決定がなされてしまうのである。

いかにも賢そうにしゃべる人も、頭の回転が速い人と似た戦略の持ち主ではないだろうか。私は、いかにも賢そうにしゃべる人に何度も何度も騙されてきた。そのような人と出会うたびに、この人は賢い、自分はだめなんだと落ち込むが、しばらくつき合っているうちに、なんだ、この人、たいしたことないじゃないかと気づくのである。

しかしまた性懲《しょうこ》りもなく、いかにも賢そうにしゃべる人の登場にびびり、後にたいしたことはないと悟る。

この連鎖に終止符が打たれたのは、二人の人物と面会し、その後の二人の仕事ぶりのあまりの違いを目にしたことによる。

二人のうちの一人をAさん、もう一人をBさんとする。

Aさんは面会中にぺらぺらとしゃべり、いかにも賢そうなしゃべり方だ。

Bさんはほとんど口を開かなかった。

そうして面会後、同席していたベテラン編集者はこう言った。

「Aさんはできる人だね。そこへ行くとBさんはだめだ」

私ももう少しで同意するところだったが、ブレーキがかかった。ちょっと待てよ、Aさんはいかにも賢そうにしゃべるだけの人であり、そのための知識や頭脳はあっても、それ以上は持っていないかもしれない。本当に優れているのは終始黙っていたBさんのほうではなかろうか。

しばらくして二人の仕事ぶりが判明した。

Aさんは、まさかと思うくらいに仕事ができない。本当に実力が、それもびっくりするくらいにあったのはBさんのほうだったのだ。

これで、ようやくいかにも賢そうにしゃべる人からの呪縛《じゅばく》から逃れられた。

結局、頭の回転が速い人も、いかにも賢そうにしゃべる人も、第一印象によって人を動かすことで何らかの利益を得ている。しばらくすると、その実態がバレるかもしれないが、そうなる前に十分な利益を得るとか、バレてもクビにできないようなシステムによって保護されているのではないだろうか。

そうでないのなら、なぜこの世には単に頭の回転が速い人や、いかにも賢そうにしゃべる人が驚くほど多く存在するのだろう。そして、多くの人が騙され続けているのだろうか。

香川照之事件——役者・芸術家に制約を課すな

俳優、香川照之氏（歌舞伎名、市川中車《ちゅうしゃ》）の事件が週刊誌、ワイドショーなどで騒がれ、CM何本かが打ち切りや降板となった。出演中のテレビドラマ並びに、しばらくは舞台の活動が制限された。

私は香川氏が行ったとされる性加害について擁護するつもりはまったくない。ただ少なくとも言えるのは、役者や物書き、芸術家のように独創性が不可欠な分野においては、なるべく制約を取り払うのが望ましい。そうしないと独創性は発揮されないということだ。

もう少し言うなら、本人が、制約の厳しさゆえに今、置かれている状況は自分にとって危険かもしれないと認識してしまうと、肝心の独創性が十分に発揮されずじまいになる恐れがあるのだ。

ともあれ、その議論に進むまえに、事件の経過を見てみたい。

『現代ビジネス』（二〇二二年九月四日）の記事によると、二〇一九年七月に事件は起きた。銀座のホステスAさんは香川氏に胸に手を入れられ、ブラジャーをはがされ、同行の数人に匂いを嗅がれるなど、あまりにも屈辱的な行いに、PTSD（心的外傷後ストレス障害）を発症した。

そこで翌二〇年五月、これらの行為を止められなかったとして店のママを訴えた。つまり香川氏の行いがどうというより、なぜママは止められなかったのかという点を問題にしたのである。二一年には示談金とともに訴訟は取り下げられ、Aさんは、ママが悪いわけではないと理解したという。

さらに、銀座で長らく黒服を務めたという「スーパークレイジー君」なる人物がこう語る。

「昔なら世に出なかった」

東スポWeb（九月六日付）の記事によると、

・お客さんのことをしゃべらない

・店内で写真を撮らない

これらを守らないのは銀座の流儀に反するとのこと。

週刊誌には香川氏がこの事件とは別の、銀座のママの髪の毛をつかんでいる写真が載ってしまったが、そもそも写真撮影は銀座では御法度《ごはっと》なのである。そして、お客様がエスカレートしそうなときには、そうなってしまう前に店側からお客さまと話をつけることだという。

とにかく、このような銀座の流儀を守っているうちは、お客の行動がエスカレートすることはないし、表ざたになることもないのである。

ところが、リーマンショックやコロナ禍による不況のためもあり、銀座のルールが廃《すた》れてしまったとのことだ。

この方の発言から私が読み取ったのは、銀座のお客さんは、自分がホステスさんなどにモテているとあえて勘違いし、夢を抱くために高いお金を払ってきている。多少ハメを外すこともあるが、それ以上はいくら何でも、というちょっと手前で、店から制止がかかる。そうして、お客も店も持ちつ持たれつのよい関係を保つ。かつての銀座なら香川氏の行為はエスカレートする前に制止され、まして世間にさらされることはなかったのだ。

では、なぜ役者や作家、芸術家などの独創性がものを言う分野では、まわりから制約を受けないことが何より重要なのだろうか。

それは、次なる研究が答えを出している。

米タフツ大学のM・L・スレピアンらは、二〇一二年、学生三十人を二つのグループに分けた。

一つは緩《ゆる》やかなカーブからなる曲線をトレースさせる。

もう一つは直線からなる、かくかくと曲がる線をトレースさせる。

それぞれ三回トレースをし、滑らかな動きと、かくかくとしたぎこちない動きを体感する。

この二つのグループに新聞紙の独創的な使い方を考えさせる。答えを一分間にいくつ思いつくかを調べると、前者で平均七・二個、後者で平均五・七個だった（統計的にも有意な差がある）。

この差はどうして現れるのだろう。

実は前者の、緩やかな動きを描くことができるというのは、周囲が安全であり、独創性を発揮しても大丈夫だという意味である。後者の、かくかくとしたぎこちない動きしかできないというのは、周囲が安全ではないことを意味する。そのようなときに独創性を発揮していたら、命が危ないだろう。とにかく命を守るための行動をとるべきなのだ。よって独創性の発揮に差が現れるということなのだ。

役者や物書き、芸術家などが独創性を発揮するためには、まずは周囲が安全であると自分を納得させることから始めなくてはいけない。「滑らかな動き」ができることはもちろんのこと（たとえばスーツのような堅苦しい服装は独創性発揮の妨《さまた》げとなるだろう。芸術家などが個性的で、かつラフな格好をするのはそういう意味だと思う）、生活態度に制約を課さない（起床時間を決めないなど）、常識にとらわれない、ちょっとやりすぎではないかという行動をとることも時には許される。そうしたことが必要なのではないだろうか。やりすぎでない限り、必要悪なのだ。

統合失調症——個人ではなく、一族で考えてみよう

ちょっとこの本読んでみて、とさる編集部から手わたされた本。

『統合失調症の一族　遺伝か、環境か』（ロバート・コルカー著／柴田裕之訳／早川書房）だ。

統合失調症とは動物行動学的にみてどう解釈できるのか、考えてくれというわけである。

サブタイトルには、「遺伝か、環境か」と、あたかもそれらが二者択一であるかのように記されている。しかし、動物行動学、進化論の分野の一般論として、かつてそういう議論がなされた時期はあったものの、それは無意味であることがわかっている。

どんな現象にも、遺伝と環境の両方がかかわっている。問題はどれほど遺伝が関係し、あとは環境に任されているかということなのだ。

統合失調症の患者は日本に八十万人いるとされる。世界人口の〇・七%とも言われ、日本の人口を一億二千万人とすると、その〇・七%は八十四万人となり、先の八十万人とよく一致する。この他、百人に一人という値も存在する。

なぜ割合にこだわるかといえば、動物行動学や進化論の分野の目安として全体の一%を超える現象なら、何らかの意味がある。だからこそ、それほど多く存在すると考えるからなのだ。

統合失調症の患者の割合である、〇・七%ないし一%という値は、ぎりぎり何らかの意味がありそうなことを示唆している。

さらに言うなら、かつてお世話になっていた精神科医の木村敏先生から、統合失調症患者の血縁者には極めて優秀な人が多いという話を聞いたことがある。本人は残念ながら統合失調症を発症してしまうわけだが、発病していない血縁者が何らかの分野で大活躍をする。そうすることで統合失調症に関係する遺伝子（それは一つではなく、複数存在し、患者との血縁の近さに応じた確率で彼ら自身も持っている）が効率良く残される。だから人間社会には、常に一定の割合（〇・七％とか一％）で存在すると考えられはしないだろうか。

ちなみに、統合失調症の遺伝子をすべて持っていたとしても、必ず発病するわけではない。

くだんの本では米コロラド州のギャルヴィン家の十二人キョウダイ（最初の十人が男、最後の二人が女）を中心に話が進む。

女二人は異常なしだが、男十人中六人が発病。しかも彼らが次々と発病していく時期が、この病気の原因が主に母親にあるとされていた一九六〇年代から七〇年代にかけてであり、「統合失調症誘発性の母親」と言われることで母親は苦しむ。

しかし一九八〇年代からは遺伝的側面からの研究が進み、ギャルヴィン家の兄弟は研究のために最も貢献した人々となる。何しろ十人中六人もの発症例はなかなかあるものではない。そもそも、この疾患がほとんど遺伝的な問題であることは、統合失調症の病歴がある家族は、そうでない家族と比べて四倍も、この疾患を次の世代に伝えやすいことからもわかっていた。

遺伝学からの研究でわかったのは、以下の〝三つの遺伝子〟に変異が起きていることである。

〈SHANK2遺伝子の変異（ギャルヴィン家の兄弟全員が持っていた〉——この遺伝子は、脳のシナプス（神経細胞と神経細胞をつなぐ領域）がシグナルを送るとか、神経細胞が素早く反応することを助けるタンパク質をコード化（暗号化）している。その遺伝子に変異が起きている。

〈CHRNA7遺伝子の変異〉——これはアセチルコリン受容体の遺伝子であり、アセチルコリンは神経伝達物質。つまり、これもまた神経伝達にかかわる遺伝子であり、そこに変異が起きている。

〈C4A遺伝子の変異〉——シナプスはいったん過剰に形成されるが、生後まもなく、必要なものは強化され、不必要なものは刈り込まれ、除去される。しかし、この変異によって刈り込みが過剰になされるらしい。

ともあれ、この三つの変異はいずれも神経伝達にかかわるもので、幻覚や幻聴といった統合失調症の症状との関連をうかがわせる。

では、ギャルヴィン家の兄弟が具体的にどのような人々であったのか。本のカバーにも書かれているが、彼らは全員「容姿端麗で運動能力が高い」のである。これだけでも全員、女性にモテモテであることが決定である。

下の四人、つまり七男から十男はホッケー四兄弟として地元では知らぬ者がいないほどのスポーツマン（うち三人が発症）。四男は、兄弟のうち最もハンサムであり、最も運動ができ、最も音楽の才能があり、バンドのリーダー。少なくとも地元では追っかけがいるほどの〝ロック・スター〟だったが、発症し、彼女と無理心中を遂げた。

発症はしていないが、音楽教師になった者、チェスの名人、友人が有名なミュージシャン（オールマン・ブラザーズ・バンドのメンバー）になった者がいる。

最後の人物はヒッピーのコミュニティに参加しており、その環境により発症を免れたのではないかと筆者は論じている。下の二人の姉妹は発病していないが、どちらもほとんど勉強しなくてもオールAという成績を修め、スポーツ万能、容姿端麗で男性にモテまくる。

こうしてみてくると、ギャルヴィン家のキョウダイとは、神経伝達にかかわる遺伝子の変異を持つことで、統合失調症を発症する場合もあるが、一方で、運動や音楽などの才能を発揮し（それらの才能が問題の遺伝子の変異とかかわっているのかどうかはわからないが、かかわっている可能性を否定することはできないのではないかと思う）、もともと容姿端麗なこともあって異性にモテて、繁殖に有利な人々ではないだろうか。その過程において統合失調症にかかわる遺伝子を次の世代によく残してもいるのだ。

統合失調症は確かに個人につけられた一つの病名だが、遺伝子に起きたいくつもの変異を一族が共有しているとみるべきではないか。ある者はほとんどすべての変異を、ある者はその半分というように振り分けられて持っている。そうして才能を発揮し、一族の繁殖に大貢献する者もいる。

動物行動学に接する機会のない人はどうしても個人に目が行きがちで、こうした病気も個人に原因を求めてしまう。しかし遺伝的変異は一族に影響を及ぼし、物事は一族を単位にして進んでいくものなのである。

5章

〝お人よし国家〟日本の危機を救うのは女たちだ

――反日外国勢力に呑み込まれないために

安倍晋三元首相の暗殺――足元をゆさぶられても目覚めぬ日本人

二〇二二年七月十日、参議院選挙が行われた。私はこの選挙に対し、多大な期待を抱いていた。

何しろ七月九日から十一日までの三日間にもわたるＫＤＤＩの通信障害。私はａｕユーザーなので、もろに影響を受けたが、初めアンテナ四本に×マークが灯り、ああ、よくあること、こういう時は電源を入れ直せばよいと何度か電源を入れ直したが、何度試みてもダメ。ということは携帯が壊れた？　面倒だが、ａｕショップまで行かなきゃと思ったものの、待てよ、大規模な通信障害が起きているのでは？　と、パソコンで調べるとまさしくそうだった。

二日目にはアンテナの×マークは消えたが、通話はできず。ただメールはできることがわかった。そうして三日目になり、通話も可能となった。

これだけでも十分、心がざわついた。これは外国からのテロ行為ではないのか？　何しろ選挙期間中だ。もし一携帯会社の通信が途絶えたら、どれほどで復旧するのか、市民はどれほど困窮し、政府はどんな対策を立てるのかを見定めようとしているのではないか、と想像を巡らした。

通信障害もさることながら、それ以前に起きた安倍晋三元首相の悲劇。七月八日の暗殺である。

これが山上徹也容疑者の単独犯行ではないことは、医師団の発表した、致命傷となった弾丸は上から下へ貫通しているという事実一つとっても明らかだ。山上の弾丸なら下から上へと貫通するはずなのに、そうではない。地面から壇上の安倍さんを狙ったら、それ以外にない。おそらく近くのビルからの何者かによる狙撃なのだろう。

さらにおかしいのは、主要な新聞の一面トップの見出しが気味悪いくらいに一致していたということである。

「安倍元首相 撃たれ死亡」

読売、産経、朝日、東京、毎日、日経……すべてにおいてこの文句。しかも「元」の字が小さい点も同じなのだ。

「暗殺」の文字も、「凶弾に斃《たお》れる」の文句もない。

となると、これはマスコミを操ることができる勢力が背景にあるということが暗に示されているのではないだろうか。

選挙の直前に、これほどまでに足元を揺さぶられる出来事が起きた。となれば、この選挙はとてつもないことになるのではないか。

現実に目を覚ました日本人が、特に安倍さんの功績の恩恵を受け、まともな職につくことのできた若者たちが揃って投票に行き、投票率は私がこれまでに見たことのないような数値をはじき出す。たとえば七〇％を超えるとか（昭和時代ならしょっちゅうあった）。ところが、投票率は五二・〇五％。前回二〇一九年の参議院選よりも、わずかに三・二五ポイント上回っただけであり、参議院選としては平成以来、四番目に低い投票率であるという。

これほどまでに足元を揺さぶられても目覚めない日本人。いや、足元を揺さぶられていることにすら気づいていないのかもしれない。

ウイグルから日本に帰化し、今回の選挙に出馬していた、グリスタン・エズズさん。彼女の経験から言えば、今の日本はかつてのウイグルそっくりだという。皆が現実を見ず、問題を先送りする。きっと大丈夫だよと思っているうちに取返しのつかないことになる。しかもウイグル人も日本人もお人良しだ。

エズズさんは主張する。

安倍さんの死を祝うような国や国民に対し、なぜ反撃しないのか、そのような国とそうでない国とを、なぜ、はっきりと区別しないのか。

おっしゃる通り！　SNS上では安倍さんに対する哀悼のコメントが溢れ返り、豪雨の中にあってさえ、銃撃場所への献花の列が途絶えない。通夜の場においても同様だ。なのに肝心の投票という具体的な行動を起こさない日本人。

あるいはこういうことだろうか、SNSで意見を述べ、献花の列に加わるのは、ごく一部の特殊な日本人……？

日本はもうだめかもしれないとこれまで何度も感じてきたが、今回の日本人の鈍感さ、とっくの昔に魂を抜かれてしまっているような態度に、日本は手遅れだと本気で感じてしまったのだ。

秋篠宮家バッシングの真の狙い

とある仕事で、昭和十六年（一九四一）、つまり、太平洋戦争の直前に発刊された『国民礼法』を読むことになった。

『国民礼法』とは、戦前の小学校の「修身」の時間に用いられる教科書である。「修身」は戦後GHQが廃止したので、『国民礼法』もその後、日の目を見なくなってしまったのだ。

小学校三年生から六年生まで各学年にふさわしい内容が盛り込まれているが、六年ともなると微に入り細を穿《うが》つ形となり、こんな高度な内容をわずか十一～十二歳の子どもが習得するのか、と驚かされる。

登校中に先生に出会ったらどう振る舞うべきか、集会で気をつけるべきこと（大声で話さないとか、集会を途中で抜けるのは失礼にあたる）、よその家を訪問する時の礼儀、国旗の掲げ方、外国旗と並べるときにはどうするか、神社へのお参りの仕方（手を清めることに始まり、拝礼の順序、かしわ手を良い音をたてて打つコツに至るまで）、葬儀での作法（焼香の仕方、玉ぐしの捧げ方、かしわ手は棺《ひつぎ》の前では無音ですることなど）、弔問《ちょうもん》のときの贈り物についての作法、皇室について、国歌について、公衆衛生について……など、あらゆる作法、マナーについて詳しく解説される。

なかにはそんなこと言われなくても常識でわかるというものもあるが、こういう細かいルールを小学生という年若いときに教わったなら、たとえば私が誰かの葬儀の時にするように、焼香のやり方がよくわからないので人のやり方を見て真似る、などという迷いが介入する余地はないだろう。

ここで最も大切だと思われるのは、皇室や国旗に対する敬愛の念を、まだ何ものにも冒《おか》されていない幼い脳に徹底的に教え込まれるということだ（悪い意味で言っているのではない）。

人間は特にそうだが、まわりの大人が教える知識に対し、特に疑問を抱くことなく、次々と素直に受け入れ、吸収したほうがいい時期がある。まさに幼児から小学生くらいの時期だ。普通はそれでうまくいくものなのだが、他国に占領されるなど通常とは違う状況下では、占領した側が自分たちに都合のいいように洗脳するための、またとない好機にもなってしまう。

GHQは「修身」を排することで、皇室や国旗、国歌に対する国民の敬愛の念を教え込む機会を奪った。その結果、主に教育の場でどんな現象が起きるようになったのかは読者のご承知の通りだ。

しかし現在の日本で展開されている、滑稽《こっけい》なだけでなく、国家と皇統の存続にとって極めて深刻な事態。

それはマスコミ・ネットの世界で反日外国勢力が、総力をあげて秋篠宮皇嗣殿下と悠《ひさ》仁《ひと》親王殿下という将来の皇位継承者お二人とそのご一家にバッシングを浴びせ「あることないこと」ではなく、「ないこと、ないこと」によって貶《おとし》め、国民の多くがそれを真に受け、本気で怒っているということである。

これは国民礼法によって皇室に対する敬愛の念が教え込まれていたなら、起こり得なかったことだ。

秋篠宮家の唯一の落ち度は国民の大多数が反対する結婚を阻止できなかったことだ。とはいえ、それはどう考えても無理な相談なのである。秋篠宮皇嗣殿下のお立場からすれば、上皇陛下が下された結婚のご裁可（この結婚を許すという許可）が取り消されていない状態で、娘の結婚を阻止することは不可能だからだ。

もし強引に破談に持っていったとすれば、それは上皇陛下という上の者に背《そむ》いたことになる。

では、なぜ上皇陛下はご裁可の取り消しをなさらなかったのだろうかという疑問が生じるが、一度下されたご裁可を取り消すことは容易ではないという意見もある。

ならば、上皇陛下から今上陛下へと御代が替わったことを機に、ご裁可の再判断が下されてもいいはずで、今上陛下がなぜそのような判断をなさらなかったのか、不思議でならないのである。

こうして秋篠宮皇嗣殿下としては皇族としての結婚は許さないが、一個人としての結婚は憲法上の権利として存在するという認識のもと、納采《のうさい》の儀も告期《こっき》の儀も入第《じゅだい》の儀も行わない前例のない形での結婚を決められた。

秋篠宮家に対して呪文のように唱えられる、やりたい放題、贅沢三昧、公私混同、公務をさぼっている……などは、すべて捏造《ねつぞう》である。ウソだと思う方は宮内庁の発表している過去の公務や祭祀のスケジュール、秋篠宮家に対しての予算などを確認してほしい。

皇統を唯一次の世代につなげることができるのが、秋篠宮家だ。そこで皇統を断絶させたい勢力は悠仁さまのご誕生の頃からバッシングを始めた。しかし、それは皇室に関する情報を自分から求めていかない人々には届かないレベルのものだった。

ところが、小室圭氏なる、きわめてわかりやすい人物が現れ、ほとんどすべての日本人の関心が向けられる結果となった。この願ってもないチャンスを皇統を断絶させたい勢力が見逃すわけもなく、現在のような「ないこと、ないこと」による秋篠宮家バッシングとなったのである。

現在、秋篠宮皇嗣殿下の皇位継承第一位、悠仁親王殿下の第二位は決定事項であり、内外に示された。それでも皇統を断絶させたい勢力はこれまで以上に汚い手を使い、かのご一家を貶めている。

秋篠宮家の人々はとうとう犯罪者として扱われ、貶められるまでになった。たとえば紀子さまが地方でお買い上げになった箱入りのぶどうは、販売所から盗んだものであるという。そんなことが衆人監視の中でできるはずもなく、また紀子さまがなさるはずもない(話題の出所である女性週刊誌の写真を見ると、ちゃんと「お買い上げ」であることが明記されている)。

しかし、そのような荒唐無稽《こうとうむけい》のウソ八百によってまでも貶めるというのは、一つにはまだ思春期にあり、精神的にナイーブな悠仁さまを精神的に追い詰め、天皇になる気力を失わせるためだろう。そして、もう一つには秋篠宮家は皇位継承にふさわしくないという世論をこれまで以上に強固なものとし、世論によって愛子さまに皇位を移すということだろう。

愛子さまが天皇でも別にいいではないかと思われる方もいるだろうが、よく聞いてほしい。

愛子さまが天皇になる、つまり女性天皇となることは、かつて存在した女性天皇たちとはまったく事情が異なる。かつては生涯独身か未亡人という条件つきだったから、皇位継承に影響を与えることはなかったが、現代の女性天皇に生涯独身を強いることは不可能だ。よって結婚され、お子さんも生まれる。このお子さんが皇位につくと、女系天皇であり、もはや皇室の方ではなくなる。そして皇統が滅ぶのである。これこそが秋篠宮家を貶める人々の真の狙いなのである。

さらには愛子様のお相手を外国人、特に日本人に化けやすい国の人物とするならば、日本はその国のものとなるのだ。こちらのほうこそ狙いだとする人も少なくない。

敵はまだまったく諦《あきら》めてはいない。だからこそ、秋篠宮家バッシングの本当の意味を知らない日本人は真実を知らなくてはならないのだ。

「生前退位」を前例にすれば日本は亡《ほろ》びる

随分前に入手したものの、何とも気持ちが悪く、読む気がしなかった『秋篠宮』（江森敬治著、小学館）をやっとのことで読み終えた。

タイトルが「秋篠宮」という呼び捨て、著者が毎日新聞という朝日にも劣らぬ左翼系新聞の記者であり、出版元が『ポスト・セブン』を抱える、秋篠宮家バッシングの中心出版社。マイナスイメージを幾重にも背負ったこの本を読むには、並々ならぬ心の覚悟が必要だった。

大きく分けて三つの感想を持った。

一つは、マスコミ・ネットなど総力をあげて行われている秋篠宮家貶《おとし》めについての誤解がかなり解けるのではないかということ。特に「やりたい放題、贅沢三昧、公務をさぼっている、公私混同である」という、まるで呪文のように繰り返される秋篠宮家の噂に対し、そんなことはこのご一家にはあり得ないと確信できる。秋篠宮家、特に秋篠宮さまの日常が手に取るように示されているからだ。

著者の江森氏と秋篠宮家の縁は、江森氏の奥様が結婚前に、紀子様のお父様である、川嶋辰彦学習院大学教授の副手をつとめていたことから始まる。

江森氏は秋篠宮さまとのご結婚以前に川嶋教授と紀子さまと知り合っており、結婚の仲人が川嶋教授夫妻なのである。よって秋篠宮さまとは公私にわたり長いつき合いがある。

この本では殿下の思慮深さや、言葉を選び、淡々とお考えを述べるさまがよくわかる。研究者としての情熱や学問に対する真摯《しんし》な態度もうかがえる。随分昔から言われている、「気楽な次男坊」は単なる印象操作にほかならず、派手な遊び人といった、外見から推測されがちな憶測も、実際にはまったく逆であることがわかる。そういう意味では非常によかった。

二つ目は、これこそこの本の狙いではないかと思われるのだが、秋篠宮さまを巧妙に誘導し、利用した、皇室不要論。

特に皇族にも人権や自由があるとか、脱出の自由があるといった、一見もっともらしいところから入る左翼思想の披露である。眞子さまの一件もこの論理の上にあり、眞子さまは「犠牲者の一人ではないか」とする。

そして次第に皇族が憲法に従うことが強調されていき、憲法九十九条の〈天皇又は摂政及び国務大臣、国会議員、裁判官その他の公務員は、この憲法を尊重し擁護する義務を負う〉を踏まえ、秋篠宮さまが、

「皇族は天皇に準ずる立場なので、この条文通り、憲法を尊重し擁護しなければなりません」

と、発言されると、

「この言葉を聞いて私の頭は、すかさず反応した。ということは首相や大臣たち、それに国会議員たちは『憲法を改正します』と、軽々しく発言してはならないはずだ」と、憲法改正の是非にまで論理が飛躍してしまうのである。

あなたの言いたかったことって結局、これなのね。

そして、私の感想の三つ目、と言おうか、この本から改めて考えさせられたのは、生前退位という前例のないことが行われたことによる波紋についてである。

二〇一六年八月八日、天皇陛下（現、上皇陛下）は生前退位の意向をビデオメッセージとして述べられた。要するに「次第に進む身体の衰えを考慮する時、これまでのように、全身全霊をもって象徴の務めを果たしていくことが、難しくなるのではないかと案じています」ということだ。

これに対し世論は、それはそうでしょう、これまでありがとうございました、ごゆっくりなさいませ、残りの人生を自由にお過ごしくださいませ、といった具合で特に反論はなかった。天皇にも人権があるというわけである。

保守ですらそんな調子で、反論したのは故・渡部昇一先生と平川祐弘東京大学名誉教授くらいで、いずれも天皇は祈ることに最大の意味があり、終生天皇として祈り続けるべきというものだった。

とにかく、このようにして生前退位は世論の後押しもあり、特例法によって通ってしまった。私がこの経緯を見て感じ、恐れたのは、これが前例となり、もっと強烈な内容が、天皇一個人の意向によって、すんなりと通ってしまうのではないかということだ。

たとえば、今上陛下が「次の皇位には愛子をつけたい」とおっしゃったらどうだろう（あくまで推論である）。皇位継承順位第一位は秋篠宮皇嗣殿下、第二位は悠仁親王殿下と決まっていて、それは内外にも示されたし、安定した皇位継承のための有識者会議でも、順序は変えないことが確認された。そんなクーデターのようなことがあるはずはない、と思う方もいるだろう。

けれど、皇位継承順位が確定した今も、マスコミ・ネットなど反日勢力が総力をあげて秋篠宮家バッシングを続けているのは、なぜだろう。それは、一つには秋篠宮家は皇位継承にふさわしくないという世論をつくるためではないだろうか。

つまり、そういう世論ができあがったときに、陛下がこの意向を示されたとすれば、それは上皇陛下の生前退位のときのようにすんなりと通ってしまう可能性がなきにしもあらずだと思うのだ。

考えすぎだと言われるかもしれない。しかし反日・外国勢力の魔の手が、すでに皇室のかなり奥深いところにまで及んでいると考えたなら、あり得ることではないだろうか。

未成年・悠仁さまへの集団リンチを許すな

これまでに増して激しい秋篠宮家バッシングに、私はときには血管が切れるのではないかと思うくらいに激怒しながら、対抗してきた。秋篠宮家に対する、ほんとうに「ないこと、ないこと」をいちいち証拠をあげて否定するという作業を主にツイッターで続けてきたのだ。

そんなわけで二〇二二年十一月三十日の秋篠宮皇嗣殿下のお誕生日会見を見たときには、それまで一年以上にわたり続けてきた対抗の論戦による疲れが一気にあふれ出てしまった。

実はそれと軌を一にするかのように、「皇位継承順位は秋篠宮皇嗣殿下が第一位、悠仁親王殿下が第二位と決まっているのだから、これ以上秋篠宮家を擁護する発言はする必要がない。竹内さんは黙っていてください」と、ツイッターで言われるようになっていた。

確かにそうかもしれないが、私がそれでも発言するのは何度も繰り返すことになるが、以下の理由からである。

が、その前に秋篠宮家バッシングの真意について説明しておこう。

多くの人々は、秋篠宮家バッシングは眞子さんと小室さんの件から始まったと思っておられるだろう。

だが、実際にはそうではない。

秋篠宮家に悠仁親王殿下がお生まれになり、秋篠宮家が次の世代へ皇位をつなげられる宮家になった。しかも唯一の宮家である。そこで皇統を断絶させたい勢力、つまり反日外国勢力がバッシングを始めたが、何しろ秋篠宮家は祭祀、公務、ボランティアと完璧なまでに務めあげられている。叩く余地があまりなく、叩いたとしても皇室に興味のない人には届かない程度のものだったのだ。

そこへ千載一隅《せんざいいちぐう》のチャンスが訪れた。眞子さんと小室さんの件だ。この話題ならすべての人が食らいつく。

以来、秋篠宮家は一挙手一投足が批判の対象となったのである。反日外国勢力はヤフーコメント（ヤフコメ）やＹｏｕＴｕｂｅのコメント欄などで今も暗躍している（そのための書き込みのバイトも実際にある。これを言うと陰謀論だの、頭がおかしいとか言われるが、そういう発言こそバイトによるものだろう）。

つまり、皇位が確定した今でも私が発言をやめないのは、いまだに激しさを極めるヤフコメなどの言論操作によって人々がウソを本当だと信じてしまい、秋篠宮家だけはだめだ、あの人たちに皇位をわたしてはならない、と確定している皇位継承順位をひっくり返そうとすることへの恐れ。そうして秋篠宮家バッシングの際に必ず付け加える、「だから愛子様に天皇になっていただこう」という愛子天皇待望論が世論としてまき起こってくるのを防ぐためなのである。

実際、皇統の問題を扱った講演会の参加者にもかかわらず、あるユーチューバーが動画でばらまいているウソをすっかり信じている人に遭遇した。その方は、悠仁さまは筑波大附属高校のような分不相応な高校に無理して通っている結果、進級できないほど成績が悪いとか、秋篠宮家が実験動物のカピバラをバーベキューにして食べたなどという荒唐無稽なウソを信じていたくらいである。

ともあれ、今の時代は世論の力が絶大で、いくら皇位継承順位が確定していても世論の盛り上がり次第では、どうなるかわからないということを危惧《きぐ》しているのである。

ここで秋篠宮家貶めの人々が、なぜ愛子天皇（女性天皇）を望むのかという問題だが、しつこいようだが繰り返す。確かに女性天皇は過去に八名、十代おられた（そのうち、お二人は二度天皇になられた）。そして、すべて未亡人であるか、生涯独身を強いられた。しかし、今の女性天皇にそのような強制はできない。人権があるからだ。そこで結婚されてお子さんを産む。そのお子さんが次の天皇になると、これが日本史上一度も現れたことのない女系天皇だ。女系天皇が問題なのは、皇室の方ではなく、愛子さまなら愛子さまのお相手の男性の家の方であること。つまり、女系天皇の出現をもって皇室は滅び、別の王朝が一から始まるということなのである。

秋篠宮家貶めの人々が狙っているのはこれであり、愛子天皇待望論などと、いかにも皇統を思いやるかのようなふりをしつつ、最終的に皇統の消滅を目指しているのである。

私が特に許せないのは未成年である悠仁さまに対する集団リンチである。作文〝盗作〟事件、筑波大附属高校への裏口入学、成績が芳《かんば》しくなく現国（現代国語）で赤点をとったなど。作文は私も読ませてもらったが、どこが盗作なのだろうというレベル。盗作とはそもそも個性的な文章表現、ストーリー展開が、偶然ではあり得ないほど似ている場合を言い、普通は小説などで発生する問題だ。

お茶の水附属中学から筑波大附属高校への進学も、この二校が提携校であり、お互いの間にある生徒の交換制度を利用しての進学である。悠仁さまは成績の基準も満たしており（お茶の水女子大学附属中学校の校長の証言もある）、何ら問題はない。赤点はおそらく、筑附の授業についていけない悠仁さまと印象付けたいためなのだろうが、この学校では、一年生には現国の試験なるものはないと現役の生徒が証言しているし、そもそも成績の発表すらないという。

どれもこれも将来の天皇陛下、いや未成年の少年に対して多数の、顔も出さない人間が行っていいことではない。話題となった秋篠宮家の改修費用だが、改修したのは一九七二年に建設された旧秩父宮邸である。

秋篠宮ご夫妻は新婚当時、なんと職員住宅を改修して住んでおられた。お子さまが生まれ、増築もされたが、宮家が住まわれるような建物ではなかった。そこで秩父宮妃勢津子さまが遺言により、秋篠宮家に官邸を譲られたのである。しかし、その建物も老朽化により、宮内庁から二度も改修工事の打診があったが、質素倹約をむねとする秋篠宮家はいずれも断った。しかしさすがに皇嗣となられ、お立場もあるので改修工事に踏み切られたのだ。この改修に三十三億円がかかったと、批判されている（実は、次期皇位継承者としては東宮御所に住まわれるのが常識であるが、上皇・上皇后両陛下の、懐かしい東宮御所に戻りたいとの御所望により、秋篠宮邸の改修工事となったという経緯がある）。

このほど改修後の様子が公開されたが、そのあまりの簡素さに私は声をあげたほどだ。どこに三十三億円がかかったのだろう。がらんとした、ほとんど飾りのないつくり。中には「赤坂ベルサイユ」と揶揄《やゆ》している人たちもいたが、どこがベルサイユ？　ちょっと裕福な田舎の公民館というたとえがあったが、まさにそれだ。

結局、専門家の見立てによると文化財の保全に金額のほとんどが投じられたのだろうということだった。旧秩父宮邸は、数寄屋建築を独自に近代化したといわれる吉田五十八の設計による。吉田氏の作品は、東京中央区の新喜楽、京都左京区のつる家などの料亭、梅原龍三郎、吉屋信子など芸術家の私邸、岸信介、吉田茂など政治家の私邸、成田山新勝寺本堂などの寺院、といった目もくらむような建築群である。

吉田氏の名作品の一つである旧秩父宮邸を取り壊して新しく宮邸を建てるのではなく、文化財の保全をされた。その秋篠宮家の決断は絶賛されてしかるべきではないのか。

ここ数年、私は孤独な闘いをしてきたが、徐々にわかってくれる人も増え、闘いに協力してくれる人も増えた。日本人なら反日外国勢力にそそのかされて秋篠宮家という皇位継承者のおられる宮家をたたいている場合ではないのである。どうか読者も周囲の方々に真実を伝えてほしい。

極めて危険なメッセージを内外に発信した日本国

二〇二三年早々、大事件が二つも起きた。

人によっては、そんなことどうでもいいではないか、いちいちうるさい、ただのミスを大げさに取り上げるな、失礼ではないかと言う。だが、今回起きた二つの事柄は決して些細な問題ではない。結果的に我が国が、内外に大変危険なメッセージを発してしまったことになるからだ。

一つ目は元日に行われた、新年祝賀の儀である。

皇居において天皇陛下が皇后といっしょに皇族方や参・衆院の議長、内閣総理大臣、立法、司法、行政の要人などから新年の祝賀をお受けになる儀式だ。男性皇族は正装で、天皇陛下も大勲位菊花章頸飾という最高位の勲章（この勲章のみ首飾りの形である）をつけられている。

ところが、女性皇族も正装のはずが、なぜかティアラだけはおつけにならないというう中途半端な形になった。ティアラの不着用は実はここ三年連続であり、理由はコロナで疲弊《ひへい》する国民を慮《おもんぱか》り、贅沢品を身につけないということらしい。しかし、ティアラは女性皇族の正装に必須であり、大災害の後、つまり阪神淡路大震災や東日本大震災の後でさえ着用されている。

それに毎年つくるのならいざ知らず、すでにつくられているものとか、代々皇室に伝わるものを受け継いでいるなど、今回の祝賀のためにつくられたわけではない。国民の側からしても、皇族女性がティアラをお着けになっている姿を見て贅沢だと、いったいどれほどの人が思うだろうか。それよりも、きらきらと輝くティアラに勇気をもらい、文字通り輝く未来に思いを馳《は》せる国民のほうが多いのではないだろうか。

結局、ティアラなしの中途半端な装いの女性皇族は、日本はここまで困窮しているのか、日本人は皇族のティアラを贅沢だと批判して認めないほど皇族に恨みを抱いている、という極めてネガティブで間違った信号を世界に発信してしまうことになるのではないか。もしそうなら、まことに残念なことである。

もう一つの事件は新年祝賀の儀の翌日の、新年一般参賀の際に起きた。こちらのほうがより深刻である。

それは、新年祝賀の儀に続いて初めてこの場におでましになった愛子内親王が立ち位置を間違えてしまわれたということである。愛子さまは本来なら、天皇陛下の右隣（我々からすると左隣）、または上皇・上皇后両陛下のさらに外側にお立ちになるべきだった。平成の新年一般参賀において、紀宮清子さまがお立ちになっていた位置を参考にするなら、そうあるべきである。

ところが、愛子さまは皇后陛下と秋篠宮皇嗣殿下との間にお立ちになった。これは、愛子さまが皇位継承者である秋篠宮皇嗣殿下よりも位が上であるということを意味するではないか。

別にご家族で固まられただけでしょ、初めてだから間違われただけ、皇族に物申すな、不敬だ、などとツイッターでいろいろと言われたが、少なくとも世界に向けて極めて危険な信号を送ったということになる。

愛子さまが、皇位継承者である秋篠宮皇嗣殿下よりも高い地位にある。秋篠宮皇嗣殿下を飛ばして次の天皇になる資格がある。実際、秋篠宮皇嗣殿下は愛子さまに場所を譲ったではないか、と。

英王室は日本の皇室を敬っていない？

エリザベス女王の逝去と国葬を巡り、深く考えさせられたことがあった。

英国は依然として極めて強気であること。そして我々日本人は、世界一の歴史を誇る皇室に英王室は敬意を払うはず、天皇陛下はエリザベス女王よりも、ローマ法王よりも格上。よって特別待遇されて当然と思っていたが、まったくそうではなかったということだ。

そもそも、エリザベス女王の葬儀に天皇・皇后両陛下が参列されたことは、ニュースでも繰り返し述べられたように、異例中の異例である。天皇陛下の他の国の葬儀への出席は、一九九三年のベルギーのボードワン国王のそれ以来である（これも異例の出席であり、それは国王夫妻と当時の天皇・皇后両陛下が特別に親しい関係であるためだった）。

天皇陛下が葬儀に出るべきではない理由は二つある。

世界一の格を持っておられるために、葬儀はご自分の両親の場合以外にはご出席にならないこと。

もう一つは、祭祀王《さいしおう》であるために、あらゆる穢《けが》れを避けなければならないということである。

別にエリザベス女王の死が汚らわしいと言っているのではない。死もそうだが、出産や月経など、祭祀王として振る舞う際に、その妨《さまた》げとなり得るものを避けなければならないという意味である。

そのような観点からだろう、外務省は秋篠宮皇嗣殿下、皇嗣妃殿下がご出席なさるものとして、女王の死の翌日である九月九日にさっそく赤坂東邸でご進講をした（その具体的な内容については不明だが、エリザベス女王の病状がかなり良くないという情報があらかじめもたらされていたなら、これは女王の葬儀に関するご進講と考えるのが自然だろう）。

ところが、である。その日の深夜（二三：〇四）、ネットニュースとしてまず日テレが「天皇陛下、エリザベス女王国葬出席で調整」を報じ、二三：二五には同様に産経新聞が、日をまたいで〇：五七にはＴＢＳが報じた。

日テレの記事によれば「複数の政府関係者が明らかにした」とあるが、政府関係者とは誰なのか?

秋篠宮ご夫妻が外務省から進講を受けたその日のうちに、このような方針変更が可能となるのはなぜだろう?

長年の皇室ウォッチャーとして最近気になるのは、とにかくマスコミのリークが先にあり、のちにそれが本当にそうなってしまう重要事項が多いということである。上皇陛下の生前退位、眞子さまと小室さんの婚約などだ。本来ならじっくり議論して決定すべきことに時間がかけられず、話がさっさと進行してしまう。

だから、今回の天皇陛下の葬儀参列についても、もし十分な検討の時間があったなら、必ずや別の選択肢、つまり、慣例通りに欠席という道もあり得たのではないだろうか。

結局、天皇・皇后両陛下の国葬参列が松野博一官房長官によって正式に発表されたのは九月十四日だ。

天皇・皇后両陛下がウェストミンスター寺院での国葬に参列されたとき、テレビやネットの生中継を見ていた人は、両陛下がどこにおられるのか、まず見つけられなかっただろう。それもそのはず、あるブロックの前から六列目、しかも通路側にお二人は並んでおられたのだ。ヨルダン国王夫妻の後ろ、マレーシア国王の隣だ。世界一の格を誇る天皇陛下。ローマ法王よりも、ましてエリザベス女王よりも格上の陛下がなぜこのような扱いなのか。多くの人々が仰天した。

なかには前日の、チャールズ国王主催の晩さん会（レセプション）と女王の棺《ひつぎ》にお別れを告げる儀式を雅子さまが体調を整えるために欠席されたことへの報復ではないかと、いささか考えすぎの意見もあった。しかしイギリス側の説明によれば、席順は年数によって指定されており、確かにそのブロックでは在位五十年を誇るデンマークのマルグレーテ女王が最前列の特等席を与えられていた。

この説明に納得しそうになった私だが、やはり疑念が残る。国葬の儀式をそうした情報なしに眺めた場合、日本の天皇陛下に対する扱いは、その格の高さとはあまりにもかけ離れているではないか。

日本人が感じ取るのは、ひたすらひどい扱いをされているという憤懣《ふんまん》である。他の席を眺めてみると、実際、英連邦重視なのである。

そしてアメリカのバイデン大統領夫妻はあるブロックの十四列目であり、しかも通路側だ。前にはポーランド大統領夫妻とチェコ共和国首相夫妻、そして隣にはスイス大統領夫妻が着席している。大国アメリカの大統領が、なぜ、このような末席に？

これにも注釈がついており、バイデン大統領は、シャトルバスではなく、専用リムジンを利用した。よって渋滞に巻き込まれた場合などに備え、後部の通路側を用意したとのことだ。実際、バイデン夫妻は十分ほど遅れている。

しかしながら、これまた注釈なしに眺めた場合、アメリカは冷遇されていると映ることは避けられない。

エリザベス女王の葬儀を通じてイギリスは、実にしたたかに、滅法いやらしく振る舞ったように思われる。天皇・皇后両陛下が現にこのような扱いを受けてしまったことによる痛手は大きい。

だからこそ、慣例通りに秋篠宮皇嗣殿下・皇嗣妃殿下がご出席になるべきだったのだ。英国の新聞ですら、神道の穢《けが》れについて知っており、言及していたほどだからだ。

ちなみに、五月六日に行われたチャールズ三世の戴冠式において、天皇・皇后両陛下の御名代として臨席された秋篠宮皇嗣・同妃殿下の場合には、各国皇太子の最前列という席次。大変優遇されたものだった。ニュースでは秋篠宮両殿下の側近の言葉として「皇嗣になられて日は浅いが、皇室とイギリス王室の長い交流に配慮していただいたと思う」と伝えられた。

村上春樹氏は未来永劫ノーベル文学賞を受賞しない

二〇二二年のノーベル文学賞は、フランスの女性作家、アニー・エルノーさんが受賞した。例によって村上春樹ファンは今年こそはと期待していたようだが、私に言わせれば、未来永劫、村上春樹氏にノーベル文学賞は与えられないはずだ。

それというのも、二〇一七年の同賞はカズオ・イシグロ氏に与えられた。英国に帰化したとはいえ、日本人に与えられたのだ。それが、日本人の受賞は当分ないよ、村上の受賞は諦《あきら》めなさいという意味を持つと思うからだ。

こんなことを言うとイシグロ氏の価値が下がるようだが、そんなことはない。私は純文学オンチでありながら、イシグロ氏の特に『日の名残り』は、吸い込まれるように読んだ。同書がイギリスの最高峰の文学賞である、ブッカー賞を受賞したことは大いに納得できる。

イギリス貴族の館の執事だった老人がイギリス南西部のコーンウォール半島を旅しながら、過去を回想する。半島の先端の岬に達したとき、初めて現実と向き合わざるを得なくなり、人生の残り時間を知る。

とにかく読み応えがある。考察が深い。上質な翻訳によって展開されるその世界を離れたくないと思ってしまう。ノーベル文学賞の受賞理由は「壮大な感情の力を持った小説を通し、世界と結びついているという、我々の幻想的感覚に隠された深淵《しんえん》を暴いた」ことだという。

片や村上氏であるが、かつて私は担当編集者からぜひ読みなさいと、まずは『羊をめぐる冒険』の文庫版をわたされた。しかし、どうしてもページをめくる気にならず、長らく放置しておいた。

そうして月刊『文藝春秋』に「女のいない男たち」(二〇一四年、書籍化)という短編集が連載されたときに、短編なら読めるかも、といくつか読んでみたが、純文学がわからないという思いだけが残った。

新刊の『66歳、動物行動学研究家。ようやく「自分」という動物のことがわかってきた。』(ワニブックス)にも書いたが、純文学を読んだときにたいていは沸き起こってくる、「それがどうした、だから何なんだ、たいしたことないものをさも人生の一大事みたいに言うな、さっさと次へ行けよ」

といういらつきが頭をもたげてきたのである。

純文学を鑑賞できる人に言わせると、純文学とは「結構なお点前《てまえ》でございました」の世界であり、いかに見事にお点前を披露するかの世界であるという。だから、ぶっ飛んだ世界や考察は必要がないということになる。

しかし、カズオ・イシグロ氏の『日の名残り』には何度も、そういう考えもあるのかと感心させられたし、やはり、そういう感動なしに文学の世界を追求しても意味がないのではと思ってしまう。

村上氏にはその後、決定的に失望することとなった。二〇一七年の『騎士団長殺し』において、登場人物のセリフとはいえ、南京事件（一九三七年）について、犠牲者が四十万人とも十万人とも言われる大虐殺事件だったと言わせている点である。この人は何を考えているのだろう？

南京事件とは、中国の国民党（蔣介石《しょうかいせき》とその一派）とアメリカのプロテスタントの宣教師の利害が一致したことによる、日本を貶めるためのプロパガンダである。アメリカの宣教師たちは中国で布教するために、中国の機嫌をとるために支援をしたかった。支援するからには日本軍はひどい連中だから、そいつらから南京の安全区（中立地帯）を守る必要があるとの大義名分を必要とした。だから中国人の語るウソ八百を記録し、書籍化したり、講演したりして日本軍のウソをばらまいた。東京裁判においてはそのうちの何人かが、なんと証人として法廷に立った。

中国側と言えば、日本軍がこんなにも極悪であると世論誘導することで、アメリカなどに対日軍事物資の禁輸へとかじを切らせ、日本を孤立させる狙いがあった。そのような打算のうえに展開されたプロパガンダなのである。

アメリカ宣教師団の記録によれば、南京の安全区の人口は日本軍が入城する以前の一九三七年十一月には二十万人だったが、入場後の一九三八年一月には二十五万人と、五万人も増えている。

大虐殺はなかったという客観的証拠を自ら提出しているにもかかわらず、大虐殺はあったと主張しているのだ。矛盾もいいところである。

村上氏はいったいどういう目的があってこのような日本貶めに走るのだろう。これでは反日勢力、外国勢力と変わりがないではないか。村上氏がもしこのような路線を今後も続けるようであれば、ノーベル文学賞が与えられないことはこのうえなく結構なことなのだ。

日本人はなぜ外からの国難に団結しないのか

新型コロナがほぼ収束した今だからこその心の余裕からか、三年前のちょうど今頃のことを思い起してみた。我々は得体の知れぬ、この流行病《はやりやまい》にどれほど戦々恐々としていたことだろう。

私はといえば、二月末に控えた講演会の開催が危ぶまれ、結果的にそれは開催されたものの、三月以降には人が大勢集まる催し物の予定はすべてキャンセルとなった。このように誰もが身の危険を感じるようなとき、人はどのような政治的態度をとることになるのだろう。

実は過去のキューバ危機（一九六二年）、イラン・アメリカ大使館人質事件（一九七九年）、湾岸戦争（一九九一年）、9・11テロ（二〇〇一年）など、アメリカが国家の危機に直面したとき、時の指導者に対する支持率が上がるという現象が起きている。

たとえば湾岸戦争のとき、ブッシュ大統領（父）の支持率は五九％から八九％に、9・11テロのときには、ブッシュ大統領（息子）の支持率は五〇％から九〇％に、といずれも驚異的な上がり方を示している。

我が国で二〇一一年に東日本大震災が起きたときにも、あの菅直人首相でさえ支持率が上昇している。時の指導者の力量がどうであれ、大変な国難のときには、とにかく支持率というものは上がるのである。

このように国難にあって指導者の支持率が高まる現象を「ラリー・ザ・フラッグ効果」または「ラリー効果」という。フラッグというのは、国難において国旗のもとに人々が集まるようにリーダーへの支持が高まる、という意味である。

結局のところ不安にかられた国民としては、どのようなリーダーであれ、政権であれ、それらに頼るほかはない。高まった愛国心とともに、団結と連帯のシンボルとしてリーダーの存在感が増してくるということらしい。

ラリー効果はこのように、ほとんど国家や国民に対する暴力に限って議論されてきた。しかも、それらは人為的で、指導者は主にアメリカ大統領であるというケースだった。

ところが、今回の新型コロナの流行は国をまたいだ地球規模のものであり、暴力ではなく、疫病の流行という見えにくい形のものである。人為的でもない（ウイルスがつくられたものであり、研究所からわざと流出させられたとの説もあるが）。そのような場合にも、はたしてラリー効果は現れるのだろうか。

このような観点から研究を行ったのが、シンガポール大学のK・C・ヤムらで、二〇二〇年のことだ。

ヤムらは、オーストラリア、ブラジル、カナダ、フランス、ドイツ、インド、日本、メキシコ、イギリス、アメリカの十カ国について首相、または大統領の支持率（オンラインで募集した人々の回答による）と、新規感染者数の変遷を二〇二〇年一月一日から四月三十日にかけて毎日調べた。

まさしく、この得体の知れぬ伝染病が、世界中の人々を恐怖と不安のどん底に陥れていた時期だ。

十カ国全体を一つにまとめた際に見られる傾向は、毎日の新規感染者数は三月の半ばまでは、ほとんどゼロに近い横ばい状態だが、それ以降急激に上昇に転じる。それと同時に首相や大統領の支持率も急激に高まるという結果が現れた。支持率は新規感染者数が横ばい状態だったときよりも十数％くらいの上昇だ。

さすがに湾岸戦争や9・11テロのときのブッシュ親子ほど強烈な上昇ではないが、新規感染者数とぴたりとリンクしていることからもわかるように、ラリー効果は現れたのだ。

ただ、この十カ国の中で違う動きを示したのが、ブラジルと日本だ。ブラジルはボルソナル大統領が三月半ば以降、支持率を三〇％以上も落としている。原因は明らかで、対策は行わないと宣言したからだ。

日本は三月半ば以降、支持率はいったん上昇するものの下降に転ずるという動きを示した。

この件について私としてはよくわからないものの、少なくとも『プレジデントオンライン』（二〇二〇年四月十七日付）の記事で岡本純子氏が、安倍首相の、普段から不安を煽り、国民の支持を得てきたキャラクターのせいであるとし、それは支持率が五％くらいしか上昇しなかったトランプ大統領も同様であると議論しているのは、かなり偏向した見方としか思えない。

ただ安倍さんの支持率があまり上昇しなかった件について思いあたるのは、もしかすると日本人は外からやってきた国難に対し、団結する能力に今一つ欠けるのではないかということだ。東日本大震災のときには大団結したというのに。

ともあれ、テロや戦争など暴力による国難はもちろんのこと、世界的に流行する疫病のような国難であっても国民は愛国心を発揮し、国旗のもとに集結する。そして時の指導者に期待を寄せる傾向があるということが判明した。

その現象が個人の思想とは関係ないことも、この研究からわかった。それはそうだろう。国難時には思想云々を言っている場合ではないのである。

コオロギ食は「人口削減計画」の一環……？

ほんの二～三年前のこと、「ディープステート」というと、「そんなものあるのかないのかわからない」「陰謀論だ」、あるいは「あくまで馬渕睦夫氏の主張によれば」という枕言葉がつくような代物だった。

そんな時、我々が目にしたのは、二〇二〇年のアメリカ大統領選において圧倒的な支持を集めていたはずのトランプ大統領が敗れるという不可解な結果と、それとほぼ同時期に始まった新型コロナによるパンデミックとワクチン騒動だった。

特にワクチンについては、治験が終わっておらず、安全性の確認もとれていない代物がほぼ人体実験をするがごとく接種された。国によっては接種が義務づけられ、接種していない者が職を追われる、スーパーや郵便局、薬局には入れても、その他の施設には入れないなど、今となっては、なぜ、あれほどまでに社会が狂気に走ったのかと思うほど、不思議な現象が多発した。それらは政府が主導した。またYouTubeのような言論の世界で「ワクチン」と言っただけでチャンネルがBAN（停止）されるなど、ワクチンについての議論すらできない状態になった。

このようなおかしな出来事、仕組まれたかのような事例を続けざまに見せられると、多くの人々が認めざるを得なくなったのではないだろうか。表には出てこないが、世界を操ろうとしている者たちが確かにいる、と。

それでも、まだマスコミやテレビなどでは、そんなものはない、陰謀論だと語られる。しかし、それこそがメディアを掌握しているディープステートが自分たちの存在と正体がばれることがないよう情報操作している証拠に他ならないだろう。

ちなみに、戦前の日本人はディープステートの存在を知っており、新聞は「地底政府」という絶妙の訳語を使って報じている。

ディープステートは当初、国際金融資本が中心だった。馬渕睦夫氏の『ディープステート　世界を操るのは誰か』（ワック刊。タイトルがずばりそのものとなっているが、それはこの言葉がようやく世間に認知されたと編集部が判断したからだろう）によれば、彼らがアメリカに地歩を築いたのは第二十八代アメリカ大統領、民主党のウッドロウ・ウィルソンの時代。

一九一二年、ワシントン政治とは無縁の、ニュージャージー州の知事にすぎなかったウィルソンをウォール街の大富豪たちがスカウトした。一方で、買収によって共和党を現職のタフトと前大統領のセオドア・ルーズベルトに分裂させ、ウィルソンとの三つ巴《どもえ》の戦いにすることで彼を勝利に導いた。むろんウィルソンはディープステートの傀儡《かいらい》となる。

ディープステートはこのような政治介入だけでなく、第一次世界大戦、第二次世界大戦、東西冷戦、ベトナム戦争のような戦争、ロシア革命、東欧のカラー革命、中東のアラブの春のような革命にもかかわっている。メディアだけでなく、ハリウッド映画なども彼らの支配下にあり、人々を洗脳する。最近では地球温暖化をあおったうえでの太陽光発電や風力発電などの再生エネルギーの推進が指摘される。

そして今回のパンデミックもしかりだ。それは「プランデミック」とも呼ばれ、計画されたもの、国際テロという説もある。

ともかく時代を経るごとに世界を支配する者たちのメンバーが多種多様となり、国連、

WHO（世界保健機関）、世界経済フォーラム（年に一回の会議がダボス会議）、ビル・ゲイツとその財団、ビッグファーマ（大製薬会社）などもあげられる。

そして、まさに「今ココ」状態なのが、コオロギ食だ。

二〇一五年、国連サミットにおいて加盟国全会一致で採択された「持続可能な開発のための2030アジェンダ」に記された国際目標、すなわちSDGs（持続可能な開発目標）にとって理想的とされ、食料危機（それは単にあおっているだけの可能性が高い）を救う切り札として推奨される昆虫食なのだ。

コオロギは排出される温室効果ガスが少なく（地球に優しい）、水や飼育用のエサが少なくてすみ、農地も必要とせず（低コスト）、高タンパク質であることなどがその理由であるという。

実際、日本政府はコオロギ養殖に対して助成金を出す、低金利で融資するなどの優遇策を打ち出し、世界を支配する者たちに協力しようとしている。

しかしながら、コオロギは決して伝統的な食べ物ではない。人々が食べて安全だと確認したわけではない。

「蟋蟀《しっそつ》」なる漢方薬はコオロギを原料としていて利尿作用があるが、強すぎる利尿作用によって流産が引き起こされるため、妊婦の服用は禁忌《きんき》とされている。

コオロギの外骨格には発がん性があるとの指摘もあるし、甲殻類《こうかくるい》、イカ、タコ、貝、イエダニと共通のアレルゲンも含まれている。このように、コオロギは食料危機を救うどころか、有害でさえあることがわかってきた。

だから、コオロギ食の勧めはＳＤＧｓという聞こえの良い衣をまとった人口削減策なのではないかと思えてくる。

人口削減？

またまたご冗談を、陰謀論じゃないかと思われるかもしれない。

しかしながら、世界を操る者たちがこれまでしてきたことを振り返れば、決してあり得ないことではない。彼らはまずは金儲けをする。戦争、紛争、パンデミックなどを介して儲ける。武器供与やワクチンだ（これらは儲けるだけでなく、人口を減らすことにも関係する）。そして、目指すのは少数者による世界支配、新しい世界秩序の構築である（このあたりの事情からグローバリストなる呼ばれ方もする）。

その世界支配のためには、多すぎる人口は邪魔である。

渡辺惣樹さんの動画で知ったのだが、二〇〇九年五月二十六日、ビル・ゲイツの呼びかけによって、ディビッド・ロックフェラー、ジョージ・ソロスをはじめとする名だたるグローバリストたちが、ニューヨークのロックフェラー大学の学長室に集合し、会議を開いたが、そのテーマはずばり「人口削減」だったのだ。この件についてはゲイツ自身が二〇一〇年、動画の中で語っている。

はたして、こんな恐ろしいことを人は本当にたくらむことができるのだろうか、良心の呵責《かしゃく》はないのか、と誰しも疑う。だからこそ、陰謀論だと見なされることもあるわけだが、彼らは間違いなく本気である。そして、その狂気に対抗するには我々一人ひとりの行動しか手段がない。

地球温暖化やワクチンに対しては抵抗しにくいものがあった。地球環境には配慮しなければならないと誰しもが思い、疫病を蔓延させないために、あるいは自分自身が罹患《りかん》しないようにワクチンは必要だと考える。さらに、地球温暖化のウソや太陽光発電の問題点を指摘するには、かなりの専門知識が必要だし、ワクチンに関しても同様だ。

ただし、コオロギについては、そのような事情はない。それよりも、食料危機にコオロギを食べるということの滑稽《こっけい》さ、不自然さに気づかない人のほうが少ないのではないだろうか？

この点にグローバリストたちの気の緩み、あるいはこれまで散々騙すことができたのだから、今回も大丈夫だという楽観を感じ取ることができる。

さらに都合のいいことには、コオロギを食べることをほとんどの人が嫌悪している。ホットペッパーグルメ外食総研が二〇二三年一月十九日に実施したアンケートによると、「昆虫食を避ける」と答えた人は八八・七%にも上った。うち六二・四%は「絶対に避ける」と答えている。この嫌悪感をこそ原動力とし、ぜひ政府を動かすべきだ。

実際、イタリアでは国民の猛反発によって昆虫食に対する規制が敷かれることになった。実はイタリアはEU（これもまたグローバリスト側である）からの圧力によって、二〇二三年一月三日、昆虫製品が認可されている。二月二十六日からは実際に製品が出回るようになった。

ところが、ここで国民が猛反発。一カ月にも満たない三月二十三日、政府が規制に乗り出すに至った。パスタ、ピザには昆虫粉末使用禁止、使用している製品にはそのことを明記する、昆虫食のリスクについても明記する、昆虫食製品はそうでない製品とは別の棚に陳列せよ、ということだ。

このような勝利は国民の猛反発によって摑み取ることができた。しかもイタリアでの調査では昆虫食を選びたくない人の割合が五四％と日本よりも少ないのである。日本人は昆虫食に対する嫌悪を政府にぶつけるべきだ。

もう一つ、国民が団結することによって世界を支配する者たちに勝利した例を見てみたい。オランダの畜産農家である。

オランダが畜産の国であることは周知の通りだが、なんと政府の環境対策によって、二〇三〇年までに四・五万の農家のうち一万以上を廃業させるか、小規模にする計画が発表された。

家畜の糞尿にはアンモニア（NH_3）が多く含まれる。アンモニアもCO_2同様、温室効果ガスである。政府はEUの打ち出す基準を守るため、二〇三〇年までにアンモニアガスを五〇％削減する「窒素《ちっそ》削減法案」を提出したが、具体的には畜産農家の廃業や縮小化を進めるしか方法がないのである（もちろん、そのために政府は手当を出さないわけではない）。

しかし、これではオランダの畜産業は壊滅的になってしまう。怒り心頭に発した畜産農家の人々はトラックで高速道路やスーパーマーケット前を封鎖、アンモニア排出の元凶とされる糞尿をまき散らすなど、極めて手荒な抗議行動に出るようになった。畜産農家の「一揆」はたちまち世界中の話題となり、オランダ国内には「窒素削減法案」に反対する、ＢＢＢ（Boer Burger Beweging＝農民市民運動党）なる新党が立ち上がるに至った。そして、なんと二〇二三年三月十五日に行われた地方選挙では、ほとんどの市町村でＢＢＢが最大政党となるという快挙が成し遂げられたのである。

その結果が意味するのは「窒素削減法案」が実質的に通らなくなったことだ。オランダの農民は一揆を起こすことで政治を変え、グローバリスト、世界を支配する者たちの支配にノーをつきつけた。

このようにグローバリストたちにとって一番困ることは、一般人の覚醒と行動だ。昆虫食へと誘導されようとしている日本。酪農家などが廃業の危機に立たされている日本。イタリア、オランダの成功例に、ぜひ続こうではないか！

女たちよ、国家のために立ち上がろう

門田隆将さんの『日中友好侵略史』（産経新聞出版）を読み、いつものことながら頭から湯気がのぼるほど怒りを覚えた。

〝友好〟とは名ばかり、日本側が友好と信じているだけであり、一九七二年の日中国交正常化は長年にわたる中共による工作がついに実を結んだ年だった。それ以降も日本は中共に工作されっ放しだ。

なんて日本人はバカなんだ、お人よしなんだといつものようにひとしきり怒ると、これまたいつものように、どうしたら日本が生き残ることができるのだろうかと頭を抱えることとなった。

門田氏の著作をなるべくネタばれにならないよう紹介すると、おおよそこうなる。

中共による対日工作は、一九七二年の日中国交正常化よりはるか昔、一九五〇年代から始まっていた。まずはマルクス主義者で平和主義の西園寺公一《さいおんじきんかず》参議院議員（革新系無所属）に接近。西園寺氏は一九四九年の中華人民共和国の樹立を我がことのように喜んだ方だ。

次なるキーマンは石橋湛山《たんざん》と松村謙三の二氏。自民党の国会議員だ。松村氏の趣味であるランの花を中国は工作のために徹底利用する。日本にはないランの花を探し、その花を中国で見られることを松村の中国招聘《しょうへい》の目玉にした。松村氏は感激し、すっかり中国ファンになる。

その後は政界の大立者であり、〝元帥《げんすい》〟と呼ばれる木村武雄衆議院議員がターゲットになる。木村氏は、師とあおぐ石原莞爾《かんじ》氏の思想と遺志を受け継いでいる。石原の、アジアの国々は一致団結して欧米と戦うことになるという「世界最終戦争論」に共鳴し、そのためには中共とも手を組まざるを得ないと考えていた。その点が利用される。

日中国交正常化に至る過程では、当時の首相である田中角栄氏、外相である大平正芳氏が、国家のためというよりは、それぞれの功名心や個人的な心情によって動いていく。田中氏は政権を奪取するための手柄として、大平氏はかつて大蔵省の役人として内蒙古の張家口《ちょうかこう》へ赴任させられたとき、軍が中国に対し、アヘンを利用して資金づくりをしていたことへの贖罪《しょくざい》意識のためだ。

なんと情けない日本人であろうか。

私はこの本を読みながら、何度も「バカ」「バカ」とマーカーペンで書いていったが、その数は十を超えた。

一方、中共は文化大革命によって国土が荒れ果て、インフラもほとんどない。国としてやっていけるかどうかの崖っぷちに立たされていながら、素知らぬ顔をして日本との国交を回復し、一発逆転を狙っていた。

日中国交正常化は、同時に台湾との友好関係の放棄を意味するが、二つの交渉における日本側の担当者が互いの情報を摑みきれていないという体たらく。日中国交正常化という一大事なのに、日本は中国の内部事情さえ満足に調べていなかった。

片や中共は日本側のあらゆる情報を、国内事情はもちろんのこと、政治家の秘書官や八十人にも及ぶ新聞記者に至るまで調べ上げていた。

周恩来首相の主催する晩餐会で田中首相がスピーチした際、「多大なご迷惑をおかけしました」という言葉を日本の外務省は、あまり大した迷惑ではない言葉として翻訳した。その瞬間、盛り上がっていた場内はしんと静まり、明らかに皆の態度が急変したにもかかわらず、理由をつき止めないまま事を進めた。結局、これがのちのち蒸し返される問題となった。

日本人はなぜ、ここまでバカなのだろうか。

それは究極のK戦略者であるからだろう。もともとモンゴロイドはK戦略者であり、攻撃性や活動性、衝動性が低く、規則に従う性質などが強い。さらに日本の場合には大陸と違い、島国として侵略を免れてきたという歴史がある。そのため人と人とのつき合いが、子や孫の時代、そのまた次の時代と、永遠と言っていいくらいに長く続く。そのような条件下では、決して自分からは裏切らない、人を信用し、ルールを守ることこそが最終的に得をする戦略なのである。

このようなお人よし国家である日本は、幕末や第二次世界大戦までは対外的な危機を武士や、武士道精神を持った者たちによって乗り越えてきたように思う。いわゆるノブレス・オブリージュだ。

ノブレス・オブリージュは決して人に無理を強いるのではなく、個人の本能をくすぐる非常に優れたシステムだ。戦闘のときにはまっ先に戦わなければならないが、普段は優遇される。特に繁殖の際に得をする。繁殖における有利さと戦闘における不利。どちらをとるかだが、繁殖における有利さは、この上なく魅力的だ。これが戦闘における果敢さを導き出す原動力になるのだろう。

今の日本の社会にはノブレス・オブリージュはないに等しい。しかし私は繁殖という、個々の人間が何より重要視する問題が突破口になるのではないかと考えるようになった。このままでいくと繁殖が奪われるかもしれないという恐れ。その恐れによって国家の危機が救われるとしたら……。

その際、ポイントとなるのは女だ。繁殖の主導権は女にあるのだから。女が国家のために立ち上がったとき、日本が救われる初めの一歩となるはずだ。そうであることを期待している。

竹内久美子（たけうち　くみこ）
1956年、愛知県生まれ。79年、京都大学理学部卒。同大学院で動物行動学専攻。92年、『そんなバカな！　遺伝子と神について』（文春文庫）で第８回講談社出版文化賞「科学出版賞」受賞。ほかに『浮気人類進化論―きびしい社会といいかげんな社会』（晶文社・文春文庫）、『世の中、ウソばっかり！―理性はわがままな遺伝子に勝てない!?』（PHP文庫）、『ウエストがくびれた女は、男心をお見通し』『女はよい匂いのする男を選ぶ！　なぜ』『「浮気」を「不倫」と呼ぶな―動物行動学で見る「日本型リベラル」考』（ワック）など著書多数。

なぜモテるのか、さっぱりわからない男《おとこ》がやたらモテるワケ

2023年６月24日　初版発行

著　者　竹内 久美子

発行者　鈴木 隆一

発行所　ワック株式会社
東京都千代田区五番町 4-5　五番町コスモビル　〒 102-0076
電話　03-5226-7622
http://web-wac.co.jp/

印刷製本　大日本印刷株式会社

ISBN978-4-89831-878-2